LES VIGNES AMÉRICAINES EN FRANCE

EN 1895

PLANTATIONS DU CHATEAU DE SALETTES

N° 18

CATALOGUE DESCRIPTIF

DES

VIGNES AMÉRICAINES

ET DES

VIGNES DE L'ANCIEN MONDE

Introduites, Greffées et Étudiées

DE 1873 À 1887

PAR

AIMÉ CHAMPIN

PROPRIÉTAIRE-VITICULTEUR

PRIX : 1f 60

CINQUIÈME MILLE

SYNDICAT CENTRAL DES AGRICULTEURS DE FRANCE, 48, rue du Faubourg Saint-Honoré
GEORGES MASSON, 120, Boulevard Saint-Germain
VILMORIN-ANDRIEUX, 4, Quai de la Mégisserie

IMPRIMERIE DE SUZERNE, &c. — BOLLÈNE-sur-MÈZE (Drôme)

1895

PLANTATIONS DU CHATEAU DE SALETTES

Nº 18

CATALOGUE DESCRIPTIF

DES

VIGNES AMÉRICAINES

ET DES

VIGNES DE L'ANCIEN MONDE

Introduites, Greffées et Etudiées

DE 1873 A 1887

PAR

AIMÉ CHAMPIN

PROPRIÉTAIRE-VITICULTEUR

Ancien membre du Conseil Général de la Drôme,
Président du Comité d'études et de vigilance de l'arrondissement de Montélimar,
Membre fondateur et Administrateur de la Société des Agriculteurs de la Drôme,
Membre du Conseil d'Administration de la Société régionale de Viticulture du Rhône,
Membre de la Société des Agriculteurs de France,
Membre de la Société nationale d'Encouragement à l'Agriculture,
Des Sociétés d'Agriculture de l'Isère, de Vaucluse, etc., etc
Décoré du Mérite Agricole

PRIX : 1f60

LYON

IMPRIMERIE A. WALTENER ET Cie

14, Rue Belle-Cordière, 14

1887

TABLE DES MATIÈRES

LES VIGNES AMÉRICAINES

Il y a quinze ans à peine qu'on a commencé, en France, à s'occuper un peu sérieusement de l'introduction et de l'étude des vignes américaines; il n'y a pas plus de dix ans qu'elles sont entrées réellement dans la grande culture, et ce n'est que depuis un an ou deux qu'elles ont décidément gagné leur cause devant les viticulteurs et les vignerons. Ce n'a pas été sans luttes et sans combats. Il faudrait plusieurs volumes pour raconter l'histoire, tantôt triste et tantôt amusante, de tous les bâtons qui ont été jetés dans leurs roues, de toutes les prohibitions, de toutes les vexations, de tous les obstacles qui ont été accumulés contre elles et c'est merveille de les avoir vues et de les voir encore faire leur chemin d'un pas rapide et sûr, malgré les entraves persistantes dont elles sont surchargées depuis la tête jusqu'aux pieds.

Quelques américanistes — c'est ainsi qu'on nous nomme — trop convaincus, trop ardents, trop impatients — je crois bien que j'ai parfois été de ce nombre — s'étonnaient et s'indignaient que le succès n'arrivât pas plus vite. Je m'étonne aujourd'hui qu'il ait été si rapide et si complet dans un temps relativement si court. Les vignes américaines peuvent s'en féliciter ; mais, tout en se rendant à elles-mêmes la justice qui leur est due, elles ne doivent pas oublier que les anti-américanistes leur ont donné, en ces derniers temps, un bon coup de main : de même que certains adversaires politiques sont les meilleurs soutiens des régimes qu'ils veulent renverser, de même certains rapports, discours et même congrès ont achevé, par l'excès de leur malveillance, le triomphe de ces vignes qu'ils croyaient démolir.

C'est vraiment amusant de se demander comment se fabriquent ces rapports ou ces discours qui, tout à coup, tombent on ne sait d'où, mais pas du ciel, sur le dos de la viticulture américaine. Dans les régions parcourues et soi-disant étudiées, jamais un viticulteur ayant de beaux vignobles bien connus n'a vu la figure d'un de ces faiseurs de rapports. C'est à croire que les belles vignes leur font peur, qu'ils n'aiment que les laides, et qu'ils recherchent la peste comme d'autres la fuient. Et quand ils ont la bonne fortune de découvrir, par hasard, quelque souche américaine chétive, maladive ou empestée, ils se hâtent d'en conclure que toutes les vignes américaines sont mourantes et même mortes, ce qui est aussi exact que si, parce qu'on aurait rencontré un imbécile ou un ignorant s'occupant de viticulture, on en concluait que tous les viticulteurs sont des ignorants et des imbéciles.

Quand les vrais viticulteurs essayent de défendre leurs vignes ainsi attaquées sans avoir été vues ni entendues, les grands rédacteurs agricoles de la capitale, qui n'ont peut-être jamais vu de vignes que par la portière d'un wagon — et encore !... — et dont la plupart ne sauraient pas distinguer une vigne d'un haricot, s'empressent de fermer la bouche avec ce merveilleux raisonnement : Vous n'avez pas le droit de parler de vignes, puisque vous en avez et que vous risquez d'en vendre les produits !... A ce compte là, tous ceux qui ont des forêts n'auraient pas le droit de parler de bois, ceux qui élèvent des chevaux, des bœufs, des moutons ou des volailles, ceux qui cultivent le blé, la betterave ou les plantes fourragères, et qui vendent les produits de leurs terres, n'auraient pas le droit de traiter les questions qu'ils connaissent, tout en conservant peut-être, comme tous les journalistes, le droit primordial de disserter à perte de vue sur tous les sujets qu'ils ne connaissent pas.

Ces escarmouches de rapports qui ne sont que des coups d'épée dans l'eau, de discours où la politique et les rivalités locales jouent un plus grand rôle que la viticulture, cette polémique intermittente de quelques publicistes, de plus en plus rares, largement compensée, d'ailleurs, par le concours bienveillant et éclairé d'autres publicistes de plus en plus nombreux, ne sont que peu de chose à côté de la lutte continue et permanente soutenue contre les vignes américaines par l'innombrable bataillon des chercheurs et des inventeurs de panacées et par le bataillon plus redoutable encore de ceux qui vivent de l'emploi de ces panacées. Des législateurs, pleins de bonne volonté et d'illusions, avaient voté, le 22 juillet 1874, une récompense de 300,000 francs pour celui qui découvrirait le meilleur moyen de détruire le phylloxéra. Si l'on avait offert un prix pour la destruction de la mouche, de la punaise ou de la puce, personne n'aurait songé à se mettre sur les rangs, car l'impossibilité d'une telle entreprise saute aux yeux des plus aveugles. Mais, sans considérer un seul instant que le phylloxéra, grâce à sa ténuité quasi-invisible, à son enfouissement dans les profondeurs du sol, à ses facultés prodigieuses de reproduction et de multiplication, serait plus impossible à détruire que tous les autres insectes, les inventeurs se précipitèrent à la curée, et cette semence d'un appât plein d'attraits fit germer, comme de mauvaises herbes, autant de panacées qu'elle contenait de francs et peut-être de centimes. Une faible partie, quelques milliers seulement, sont arrivées au grand jour de la publicité et quelques rares élues, à la célébrité. Les unes, et ce sont les plus nombreuses, disparaissent sans laisser d'autres traces que quelques inventeurs à Charenton et beaucoup de crédules adeptes à l'hôpital ; d'autres ont su, grâce à de hautes, illustres et puissantes protections, conquérir une efficacité officielle, et confèrent à ceux qui sont chargés de leur emploi des fonctions autocratiques largement rétribuées ; d'autres enfin vont, dit-on, en désespoir de cause, se lancer dans une voie nouvelle et servir de base ou de prétexte à de vastes spéculations financières dont le but apparent sera la chasse au phylloxéra, le but réel la chasse aux écus, et qui dévoreront plus de ceux-ci qu'elles ne détruiront de ceux-là. On conçoit très bien que, pour cette nuée d'inventeurs, de fonctionnaires ou de financiers, dont les uns vivent grassement du phylloxéra, sur le dos duquel les autres comptent édifier ou augmenter leur fortune, ce n'est pas le phylloxéra qui est l'ennemi, mais bien la Vigne américaine qui, sans le secours d'aucune panacée, d'aucun fonctionnaire et d'aucun financier, se défend toute seule contre la petite bête. C'est pourquoi la première chose que font tous ces alliés et compères du phylloxéra, la seule chose sur laquelle ils soient tous d'accord, c'est de tomber d'abord sur les vignes américaines, de les traquer, de les expulser, de leur barrer le passage, de leur fermer la porte au nez, quand ils le peuvent, et, tout au moins, de les dénigrer, de les honnir et de les accabler de leurs malédictions. La vigne américaine reste aussi invulnérable à ces attaques qu'à toutes les autres ; elle fait mieux encore, elle convertit chaque jour quelques-uns de ses lapideurs, et l'on en voit un nombre toujours croissant qui, tout en allant guerroyer contre le phylloxéra chez les autres, vivent en paix avec lui, chez eux, en cultivant tout simplement ces vignes qui prospèrent sans panacées.

Parmi les savants eux-mêmes, et des plus savants, un certain nombre, un trop grand nombre, se sont rangés, dans la lutte contre les vignes américaines, du côté des inventeurs de remèdes dont plusieurs d'ailleurs étaient leurs confrères. Ils ont prouvé, une fois de plus, que plus un homme est savant et plus il est dangereux quand il se mêle de ce qu'il ne sait pas. Il est impossible, du reste, que le plus illustre même des savants puisse tout savoir. Pic de la Mirandole ne savait pas comment se fait le beurre. Le plus habile des viticulteurs pourrait être un mince chimiste, fort dangereux à la tête d'un laboratoire......... et réciproquement.

Les législateurs des diverses nations viticoles ne sont pas restés en arrière dans les mesures à prendre contre l'ennemi de la viticulture. Ils semblent seulement avoir fait, eux aussi ou eux d'abord, une certaine confusion et avoir cru que l'ennemi ce n'était pas le phylloxéra, mais les vignes américaines. Il en est résulté contre celles-ci un arsenal de chinoiseries législatives et réglementaires, ignorées des neuf dixièmes des vignerons, impossibles à apprendre et à retenir car elles changent tous les jours, impossibles à exécuter, ce qui est d'ailleurs leur principal mérite. Je n'en citerai qu'un exemple : chacun sait ou doit savoir que les vignes américaines ne peuvent entrer et circuler dans un arrondissement quelconque qu'en vertu d'une autorisation spéciale et officielle accordée par le gouvernement, après avis favorable et préalable de la Commission supérieure du phylloxéra, précédé d'une foule d'autres avis et formalités préliminaires. Or chacun sait ou peut savoir que cette précieuse autorisation n'est guère accordée qu'aux arrondissements déjà assez bien pourvus de vignes américaines pour pouvoir en revendre et que le meilleur moyen d'obtenir cette faveur c'est de s'être mis en mesure de pouvoir s'en passer.

Il est bien difficile de faire croire à des vignerons qui voient toutes leurs vignes et toutes celles de leurs voisins complètement détruites par le phylloxéra qu'il y a un danger pour eux ou pour leurs voisins à remplacer leurs vignes mortes par des vignes résistantes ; et il est encore plus difficile, disons mieux, il est complètement impossible, quand ils sont bien décidés à en avoir, de les en empêcher.

Les employés des chemins de fer, qui sont chargés des difficiles et délicates fonctions d'alguazils en cette matière, font quelquefois peine à voir. L'un, ahuri et terrifié par la lecture qu'il vient de faire des lois, règlements et arrêtés, et des instructions de sa compagnie, regarde de travers et de loin les caisses ou ballots contenant ces plantes dangereuses. Il sait combien le sulfure de carbone est redoutable ; il en a conclu que les petites bêtes qui lui résistent sont plus redoutables encore, et il tremble que quelque bataillon de ces rongeurs invisibles ne sorte de quelque caisse pour venir attaquer les semelles de ses bottes ou de ses escarpins. Un autre, plus ferré sur la géographie, m'a refusé absolument et péremptoirement une caisse pour la Californie, parce qu'il ne trouvait pas ce nom parmi ceux des arrondissements autorisés. Et il m'a fallu bel et bien une lettre du Ministre de l'agriculture que je conserve précieusement, pour prouver à cet employé trop formaliste que l'Amérique était autorisée à introduire des vignes américaines, et pour le contraindre à faire mon expédition.

L'inconvénient le plus grave de ces mesures illusoires et surannées, c'est de fournir un prétexte de plus à notre vieille habitude française de tenir peu de compte de la loi. Il serait sage et ne serait que temps de supprimer la plupart de ces réglementations qui sont violées chaque jour, souvent par ceux-là mêmes qui les ont votées ou signées, parce qu'elles sont inexécutables et que, si elles pouvaient être exécutées, elles seraient désastreuses pour la viticulture.

Les petits cultivateurs, les vignerons, se sont montrés incrédules et indifférents d'abord, et parfois hostiles lorsqu'ils étaient trompés, égarés, excités et entraînés par des meneurs généralement étrangers à la viticulture. Ils aiment à voir, avant de croire et tant qu'ils n'ont pas vu, de leurs propres yeux vu, ils sont difficiles à convaincre. Mais à mesure qu'ils peuvent voir la vigueur, la résistance, la fertilité de quelques vignes américaines, leur conversion s'opère lentement, progressivement, mais sûrement et complètement; et leurs mauvais conseillers des premiers jours seraient mal venus s'ils essayaient aujourd'hui de les ameuter contre les propagateurs des vignes américaines.

Il y a bien encore des retardataires et des rétifs comme il y a des ignorants et des entêtés qui croient que le soleil tourne autour de la terre. Cela n'a rien d'étonnant; ce qui est étonnant, c'est qu'il puisse s'en trouver parmi ceux qui savent que c'est la terre qui tourne sur elle-même et autour du soleil, et qui pourraient et devraient en savoir sur les vignes américaines au moins autant qu'en astronomie. On voit sans trop de surprise quelques petits paysans, dans l'espoir naïf que la maladie finira par s'en aller comme elle est venue, planter un petit carré de vignes françaises qui disparaîtra bien vite ou quelque rangée isolée qui pourra durer un peu plus; mais c'est avec une véritable stupéfaction que les viticulteurs venus de tous les points de la France ont pu, tout dernièrement, dans une grande réunion viticole, entendre le président d'une grande Société d'agriculture déclarer avec désinvolture qu'il ne s'inquiétait guère du phylloxéra, que rien n'était plus facile que d'en préserver les vignes françaises avec une bonne culture et de bonnes fumures, et que, quant aux vignes américaines, elles n'étaient bonnes que pour les riches... et pour en vendre... sans doute, comme les mauvais champignons.

Si tous ces anti-américanistes avaient eu le dessus, c'en était fait de la viticulture française. Ils n'auront réussi qu'à retarder quelque peu la reconstitution de nos vignobles et à faire perdre à la France quelques centaines de millions de revenus. Il leur restera toujours la douce satisfaction de constater, de leurs propres yeux, que ceux qui ne les auront pas écoutés auront relevé ou augmenté leur fortune, et que ceux qui les auront crus sur parole se seront ruinés.

Mais si les vignes américaines ont rencontré tant d'adversaires, sans compter ceux dont, *nolens aut volens*, je n'ai pas parlé, elles ont trouvé aussi de nombreux et ardents défenseurs. Est-ce par elles-mêmes, ou parce que le phylloxéra avait troublé toutes les cervelles, qu'elles ont excité des passions si violentes, surtout, chose étrange! de la part de leurs ennemis qui les connaissaient le moins? Ce qu'il y a de certain, c'est que nul ne leur restait indifférent, on était tout pour ou tout contre, et tous ceux qui entraient dans la mêlée se divisaient en deux camps acharnés, les uns à l'attaque, les autres à la défense.

Mais, pendant que les agresseurs tiraient leur poudre en l'air, usaient leurs poumons et leurs plumes à envenimer une question si simple — que quelques-uns d'entre eux, fort rares heureusement, persistent encore à traiter de question irritante parce qu'ils ne peuvent pas en parler sans qu'on voie leurs gros yeux leur sortir de la tête, avec leur bon sens et leur courtoisie, — les viticulteurs plus pratiques et plus calmes, qui avaient mis leur espoir dans les vignes à racines résistantes, se mettaient sérieusement à étudier, *de visu*, leurs qualités et leurs défauts. Ils en introduisaient et en cultivaient chez eux le plus de variétés possible, ne voulant, comme les paysans avisés, s'en rapporter qu'à leur propre expérience, depuis surtout qu'ils avaient pu constater combien les promesses des prospectus américains étaient fallacieuses en France, tandis que certaines variétés, rabaissées et même méprisées de l'autre côté de l'Océan, prenaient chez nous les premières places comme services rendus.

Pour arriver à ces constatations, il fallait tout essayer, tout étudier, tout contrôler; et quand, sur une centaine de variétés nouvelles on n'en trouverait... j'allais dire : que huit ou dix, mais ce serait trop beau... trois ou quatre, ce serait déjà consolant; n'y en eût-il qu'une seule de réellement bonne, on pourrait se dire qu'on n'a pas perdu son temps. Ceux qui avaient entrepris et qui ont continué ces études sans trop d'illusions préconçues, ont vu les résultats de leurs recherches dépasser leurs espérances. Il y a eu certes bien des déceptions, bien des déboires, bien des réputations tapageuses dégringolant en attrapes comiques ou lamentables, bien des humbugs se changeant en fiascos; mais, après l'élimination de toutes ces non-valeurs à mettre au rancard, on pourra voir dans les listes et dans les indications qui vont suivre, que notre viticulture s'est déjà enrichie d'un assez grand nombre de producteurs directs de premier ordre, d'un nombre encore plus grand de portegreffes d'une résistance éprouvée, en attendant les nouvelles recrues sur lesquelles nous avons le droit de compter dans un prochain avenir.

EXPLICATION DES SIGNES ABRÉVIATIFS

GRAPPE	GRAIN	COULEUR	CHAIR	GOUT	MOUT	MATURITÉ	FERTILITÉ
Centimètres.	*Millimètres.*						
0 Énorme... 20 et plus.	0 Énorme... 20 et plus.	A Ambré.	A Acidulé.	B Bon.	G Gris.	1 Très précoce. Août.	0 Excessive.
1 Très grande. 17,5 à 20.	1 Très gros... 17,5 à 20.	B Blanc.	A Acide.	B Très bon.	L Limpide.	2 Précoce... 1 à 15 sept.	1 Très fertile.
2 Grande... 15 à 17,5.	2 Gros... 15 à 17,5.	D Doré.	C Craquante.	F Franc.	E Épais.	3 Moyenne... 15 à 30 sept.	2 Fertile.
3 Moyenne... 12,5 à 15.	3 Moyen... 12,5 à 15.	F Rouillé.	D Douce.	F Français.	N Noir.	4 Tardive... 1 à 15 oct.	3 Moyenne.
4 Petite... 10 à 12,5.	4 Petit... 10 à 12,5.	G Gris.	F Fondante.	M Mauvais.	R N Noir rouge.	5 Très tardive Après 15 oct.	4 Peu fertile.
5 Très petite. Moins de 10	5 Très-Petit. Moins de 10	L Lilas.	J Juteuse.	M Très mauvais.	R Rose.		5 Très peu fertile.
Æ Ailée.	A Aplati.	N Noir.	P Pulpeuse.	P Parfumé.	R C Rouge clair.	**USAGES**	c Infertile.
A Acrée.	L Long.	N Très noir.	P Rosée.	S Spécial.	R F Rouge foncé.	CG Collection.	c Coulard.
C Claire.	L Très long.	P Pourpre.	R Rouge.	S Sui generis.	R M Rouge marron.	E Étude.	C Très coulard.
L Longue.	Œ Ovale.	P Pourpre foncé.	S Sucré.	V Muscat.	R S Rouge sang.	G Greffe.	
L Très longue.	R Rond.	R Rose.	S Sucré.	X Un peu foxé.	R v Rouge vif.	O Ornementale.	
R Ronde.	v Un peu allongé.	R Rosé.	T Tendre.	X Foxé.	V Vert.	T Tab e.	
S Serrée.		R Rouge.	V Vineuse.	X Framboisé.		V Vin.	

J'ai essayé, depuis quelques années, de recueillir autant d'indications que possible sur les raisins américains et autres qui ont mûri chez moi, et je les ai inscrites dans ce Catalogue, avec l'espoir qu'elles seraient agréables et surtout utiles à mes collègues, présents et futur; en viticulture américaine. J'ai dû leur donner une forme succincte et abréviative, qui en fait, au premier coup d'œil, un affreux grimoire; mais, avec un brin d'attention et en se prenant à la clef ci-dessus, on viendra facilement à bout de ce grimoire, au moyen de la Clef ci-dessus, qu'on peut toujours voir facilement en baissant un peu des hauts des autres pages.

GRAPPE. GRAIN

Les grappes de chaque variété ont été mesurées en prenant pour point de départ de leur longueur le point d'attache de la première aile ou aileron jusqu'au grain terminal, sans tenir compte du pédoncule, parfois très court, parfois plus long que le raisin. J'ai mesuré, avec le diamètromètre millimétrique, la largeur d'un grain moyen de chaque variété. Sur ces chiffres, qui vont de 5 à 50 c/m, pour la longueur des grappes, de 5 à 35 m/m, pour le diamètre des grains, j'ai établi une échelle descendante de 6 degrés, en prenant, comme grosseur ou plombs de chasse, 0 pour maximum des grosseur de longueur. En groupant ces deux données, on peut commencer à se faire une idée des raisins; mais cela est encore insuffisant et incomplet; le diamètre fois, si j'en vu le temps, j'y joindrai le poids moyen de chaque raisin, ou, mieux encore, le poids moyen de chaque raisin.

GOUT

De même que certains... viticulteurs appellent toutes les vignes américaines des Clintonnes, beaucoup d'autres appellent goût foxé tout-goût, qui n'est pas exactement le même que le goût des quelques raisins qu'ils ont l'habitude de manger. Cependant beaucoup de raisins américains ont des goûts spéciaux, étranges et surprenants parce qu'ils ont nouveaux et inconnus, mais qui, s'ils diffèrent des parfums de nos Chasselas et de nos muscats, ne ressemblent pas davantage au fameux Foxiness, chéri des Américains, désagréable aux Français, spécial des Américains, désagréable aux Français, spécial aux Labrusca et à quelques-uns de leurs Hybrides. Beaucoup de ces variétés: Duchess, Secrétary, Creton, Delaware, Beauty of Minnesota, Golden Gem, Allen's blanc, Amluchon, Prentiss, Naomi, Triumph... prendront place aux nos tables; d'autres, non moins nombreuses, s'ajouteront à celles-ci pour nous donner quand nous saurons les bien faire, non seulement de bons vins d'ordinaire, mais des vins fins pour les huitres, les rôtis et les desserts.

MOUT ET GLEUCOMÈTRE

La couleur du moût est celle du jus exprimé à la main à pied de souche; elle est souvent fort différente de celle produite par le dérouillage certains mentation, qui, dissolvant les principes colorants des raisins très rouge, vert ou gris en un vin parfois très rouge. Le degré gleucométrique donné par ce premier jus peut varier, pour la même variété sous l'influence du sol, du climat, de l'exposition, de la température estivale de l'année et de l'âge des vignes.

VRILLES

La continuité des vrilles sont souvent ou irrégulières des vrilles sont souvent ou irrégulières. Dans toutes les variétés et en quelques variétés. Dans toutes les variétés en très grand nombre de variétés américaines. L'intermittence est toujours régulière après deux vrilles, c'est-à-dire marqué 02. Parfois les intermittences sont irrégulières et capricieuses après 2, 3, 3, 4 vrilles: c'est indiqué par II. C signifie la Continuité absolue des vrilles, spéciale aux Labrusca et à quelques Hybrides. Quand la Gous intervalle n'est interrompue que par des intermittences éloignées, c'est CI.

MATURITÉ, PRÉCOCITÉ, CHOIX DES VARIÉTÉS

Ces sortes d'indications ne peuvent être que relatives et comparatives, puisque, rien qu'en France, il y a près d'un mois d'écart entre les dates où mûrit la même variété dans nos diverses régions. Les dates que j'ai indiquées pour les cinq époques sont à peu près celles que j'ai constatées chez moi pour la plein terre, à 250 mètres au dessus de la mer, à près de 43 degrés de latitude, avec une exposition légèrement inclinée au nord avec une température moyenne de la France. Ce doit être la qualité à chercher dans un cépage, c'est mûrir précoce pour assurer toujours sa maturité complète dans la région où il doit être planté. Sans cette qualité essentielle et primordiale, toutes les autres: résistance, adaptation au sol, vigueur, fertilité, excellence des raisins, richesse en couleur et en alcool, sont inutiles et en pure perte, puisqu'elles n'arriveront pas à donner ce qui est le but unique et suprême de la viticulture: des vendanges bien mûres.

Donc, le première chose à faire avant d'introduire chez soi, pour la grande culture, des variétés nouvelles, ou même d'y multiplier des variétés déjà introduites riront régulièrement et complètement. C'est une précaution qui a été négligée dans bien des région, outre autres dans la mienne où l'on avait, avant le phylloxéra, la mauvaise habitude de planter surtout des cépages de la région de l'Olivier, bien que l'Olivier ne prospère pas sous notre climat qui est celui du Figuier et de l'Amandier.

Les cinq époques de maturité que j'ai indiquées correspondent à peu près à cinq régions qui peuvent être caractérisées chacune par un ou deux arbres fruitiers de grande culture;
La 5e par l'Oranger ou le Citronnier;
La 4e par l'Olivier;
La 3e par le Figuier et l'Amandier;
La 2e par l'Abricotier et le Pêcher en plein vent;
La 1re par le Bigarreautier précoce.
Chacun, sur cette simple indication et en regardant autour de soi quels sont ceux de ces arbres qui prospèrent et mûrissent leurs fruits, pourra savoir quels sont les cépages qu'il peut multiplier avec certitude de succès.

Il ne faut jamais, si ce n'est dans quelques rares essais naturels ou artificiels, faire remonter dans une région les variétés d'une région plus chaude; mais on peut toujours, et souvent avec avantage, y faire descendre celles d'une région plus méridionale: les compatriotes du Bigarreautier et du Cris dans la font bonne figure et mûrent joyeuse au compagnie de l'Amandier et du Figuier, où les comrades de l'Olivier et de l'Oranger apporteront le soleil de la Provence et les flots bleus de la Méditerranée.

RAISINS AMÉRICAINS

VIGNES AMÉRICAINES
Producteurs directs
NOIRS

NOIRS	GRAPPE	GRAIN	CHAIR	GOÛT	MOÛT	GLUCOMÈTRE	MATURITÉ	FERTILITÉ	USAGES	VRILLES
1 ÆSTIVALIS SAUVAGE [1]	5 RS	5 R	A	F M	»	»	4	4	C	02
2 ÆSTIVALIS-BOMY [2]	1 SA	3R	FJ	F	BRv	11o5	3	2	V	02
3 ALLEN'S HYBRID NOIR [3]	3 L.C3 Ru	3 Ru	FJ	F	B-R	1005	2	2	VT	02
4 ALMA. Ricketts Hybrid [4]	5 S	3 R	S	S	R	10o	2	4	V	II
5 ALVEY. Hyb. Æstivalis [5]	4 S	3 R	FR	FBR	F	12o	2	5	TG	02
6 ARIADNE. Ricketts Hybrid [4]	3 LC	3 R	JD	B	RF	13o	2	3	V	02
7 ARNOLD'S HYBRID NOIR [6]	2 L.C3 Ru	FJ	FB	R	1005	2	2	VT	02
8 AUGWICK. Riparia Hybr. [7]	5 S	4 R	FS	x	B	14o	2	4	G v	02
9 BACCHUS, Rip. Hyb. Ricketts [7]	3 R	J	A	SB	RF	12o	2	3	V	02
10 BARRY. Roger's N° 43 [8]	4 R	1 R	Ps	PxR	v	1005	2	3	V	02
11 BAXTER. Æstivalis [9]	2 S	FJA	FB	RG	995	4	3	V	02
12 BLACK DÉFIANCE. Underhill's [10]	1 SA	1 R	FJ	F	BRv	10o	2	0	V	02
13 BLACK EAGLE. Underhill's [11]	3 LS	3R	FJS	BS	RC	10o	2	3	V T I
14 BLACK ELVIRA. Hybr. [12]	5 RS	3 R	D	P B	R	11o	2	4	G v	C
15 BLACK JULY. Æst. [13]	4 A	3 R	FJ	F	BRm	14o	3	4	G v	02
16 BLACK PEARL. Rip. Hybr. [14]	5 RC	3 R	PA	x	N R	10o	3	4	G v	CI
17 BLACK TAYLOR. Rommel's [12]	5 S	3 R	FJ	B	R	11o	3	4	G v	CI
18 BLUE FAVORITE. Æst. [15]	3 C	3R	FR	FB	R	9o	4	4	V	02

Notes des Producteurs noirs

(1) **Æstivalis sauvage type.** Je suis embarrassé pour le placement de cette espèce type. Je n'ose la classer dans les porte-greffes, malgré toutes ses qualités, car sa stérilité ou son infériorité rend impropre à la grande culture; ni dans les producteurs directs, car les neuf dixièmes de ses sujets sont infertiles, et ceux qui sont *fertiles*, c'est-à-dire qui donnent des raisins, en donnent si rarement, si petits et si mauvais!... Si je me décide à lui faire, c'est parce qu'il vaut... mettre en tête de cette catégorie, qui admit, dit-on, à suivre l'exemple de l'Académie, qui n'avait jamais rien écrit, mais dont les fils étaient de grands écrivains.

Les *Æstivalis* sauvages que nous possédons en France proviennent, on dit de semis, ou de pieds sortis des forêts du Nouveau-Monde; ils ne sont point parfaitement semblables, les uns aux autres, mais ils sont bien reconnaissables et remarquables par la forme et la beauté de leurs feuillages et surtout par les belles couleurs, rose, rouge, ponceau, pourpre, de leurs bourgeons dont les petites feuilles de velours s'étalent en sortant de leur coquille. C'est, en tous cas, une vigne d'ornement et d'étude.

(2) **Æstivalis Bomy.** Æstivalis intermédiaire entre le Black Lenoir de Roquemaure (le même que le Jaquez et le Jack), mais moins sujet, que celui-ci aux maladies cryptogamiques.

(3) **Allen's hybr. noir.** Ressemblant beaucoup à l'Arnold's innommé, dont il ne diffère que par ses feuilles un peu plus découpées et dentelées.

(4, 4) **Alma et Ariadne.** Deux bonnes variétés nouvelles dont, malheureusement, les raisins sont bien petits. Toutes les créations de l'habile et heureux hybrideur M. Ricketts méritent l'attention, plusieurs ont pris ou prendront de bonnes places dans notre viticulture.

(5) **Alvey.** Très recherché d'abord à cause de ses nombreuses et excellentes qualités, abandonné bientôt comme trop coulard; utilisé quelque peu comme porte-greffe; double déception, sauf remède contre la coulure. Mérithalles excessivement courtes. Syn. Hagar.

(6) **Arnold's hybr. noir?** sans nom et sans numéro. Entre le Canada et l'Othello. Vigoureux, précoce, fertile. Joli feuillage brillant et uni, joli raisin long et néré, d'un goût très franc et d'un bouquet ressemblant à celui du Cabernet Sauvignon. Riche de promesses et d'espérances. Nous devons déjà à M. Arnold quelques-uns de nos meilleurs producteurs directs américains: Othello, Canada, Brant, Cornucopia, Autuchon. Espérons que l'innommé égalera, s'il ne les dépasse, ses frères baptisés.

(7, 7, 7) **Augwick, Bacchus, Winslow,** Trois Clinton perfectionnés, surtout le Bacchus, excessivement vigoureux, se chargeant, avec la taille longue, d'une énorme quantité de petits raisins. Vins très riches en couleur et en alcool, ayant, comme le Clinton, un goût très désagréable d'abord, mais qui s'améliore très vite.

(8, 8, 8, 8) **Les hybrides de Roger**, noirs : Barry, Essex, Herbert, Merrimack, Wilder; pourpre : Aga-wam, Aminia, Massasoit, n° 2; rouges et roses : Requa, Lindley, n° 32; gris : Goethe, Salem, etc., sont tous de jolis raisins et surtout de bien beaux grains, parfois énormes, comme ceux du Barry, du Wilder, du Goethe... Ayant pour parents des Labrusca et des Vinifera, ils offrent des vigueurs et des résistances variables, et possèdent les goûts fort divers, tantôt rappelant le foxiness héréditaire, tantôt se rapprochant des bons raisins de table que des raisins de cuve. Les plus vigoureux font de bons portegreffes à gros bois. Leurs feuillages sont généralement indemnes des maladies cryptogamiques.

(9) **Baxter.** Se rapproche de l'Herbemont. Mérithalles plus courts, grains plus gros, raisins plus serrés, mais d'une maturité plus tardive et d'un goût moins fin.

(10) **Black Défiance.** Ca Noir, qui propose à tous les autres un Défi de lutter avec lui, et qui avait pour premier champion M. Fiole de Libourne, ne triomphera pas sans combat : « blague et méfiance », murmure le vieux et prudent vigneron de Mme Ponsot; il ne mûrira pas, déclaraient les uns; il ne résistera pas, ajoutaient les autres. S'il tient seulement le quart de ses promesses, dissi-je moi-même, ce sera le Phénix des hôtes de nos... vignes Il commence à tenir ses promesses; il mûrit bien, il résiste bien, il a des raisins plus beaux que ceux de l'Othello; son magnifique feuillage n'est point endommagé par les cryptogames aériennes, il se colore, en automne, de plaques richement nuancées de beaux rouges vineux, nettement dessinées et artistement serrées comme des points de tapisserie, serrées sur les bords, espacées sur le fond. Vin riche en couleur et en alcool, parfaitement neutre, comme on dit dans la Gironde, pour dire très franc de goût.

(11) **Black Eagle.** Excellente variété si elle n'était coularde; magnifique raisin quand il ne coule pas; splendide feuillage d'un beau vert brillant, profondément sinué et denté. Fèbre cadet du Black Défiance qu'il a cependant précédé de plusieurs années, comme le coureur d'un grand seigneur.

(12, 12) **Elvira et Taylor** à raisins noirs, peu fertiles chez moi jusqu'à présent, mais tellement vigoureux qu'ils font d'excellents portegreffes.

(13) **Black July** (Devenure en Amérique). Plus vigoureux encore que le Jack et supérieur comme...

RAISINS AMÉRICAINS

VIGNES AMÉRICAINES Producteurs directs NOIRS (Suite)	GRAPPE	GRAIN	CHAIR	GOÛT	MOÛT	GLEUCOMÈTRE	MATURITÉ	FERTILITÉ	USAGES	VRILLES
19 BOTTSI. Æstivalis [16]	2 AÆ	4 R	F J	F B R C	10º	3	3	V T	02
20 BOURBOULING. Hybr. Labr. [17]	4 S	2 R	P ʀ	X	R v	11º5	3	3	V G	02
21 BRANT. Arnold's No 8 [18]	2 S Æ	3 R	F J ʀ	F B R S	14º5	2	3	V T	02
22 CAMBRIDGE. Labr. [19]	2 C	1 R	P v	X	R	9º	3	4	V	11
23 CANADA. Arnold's No 16 [18]	4 R S	3 R	F S	F B R v	12º5	2	2	V T	02
24 CHAMPION. Labr. [20]	4 R S	f R	P	X	R E	10º	1	3	G v	C
25 CLINTON. Rip. Hybr. [21]	4 R S	3 R	P ʀ	X	R F	13º	2	1	G V	02
26 CLINTON BLACK HAMBOURG. Hybr [22]	1 L Æ	3 R	F V	F B R v	10º5	3	3	T V	02
27 CONCORD. Labr. [23]	3 S	1 R	P J	X	R ᴍ	10º5	3	3	V	C1
28 CONQUÉROR. Hybr. [24]	4 C	3 R	P ʀ	X	R v	9º	2	3	V G	02
29 CORNUCOPIA. Arnold's No 2 [25]	3 A S	2 R	F R	F B R v	13º	1.2	2	V G	02
30 COTTAGE. Labr. [26]	3 A S	1 R	P J	X	R ᴍ	10º5	2.3	3	V	C
31 CREVELING. Hybr. Labr. [27]	3 L C	2 R ᴜ	J	B	R F	12º5	2.3	4	V	02
32 CYNTHIANA. Æst. [28]	3 A S	3 R	F J	F B R	12º5	2.3	2	V	02
33 DELAWARE NOIR. Hybr. [29]	2 L C	3 C	F V	F B	R	10º5	2	3	V T	02
34 DELAWARE SUPPERKONG. [30]	2 L C	3 R	F V	F B	R	10º5	2	2	V T	02
35 EARLY BLACK. Labr. [30]	4 S	3 R	P	X	R v		3	3	V	C
36 EARLY VICTOR. Labr. [31]	3 S A	2 R	P J	B	X		2	1	V	11

[14] Black Pearl. Se charge, à toute taille, de petits grappes donnant un vin noir commun de l'encre, mais bien mauvais de goût. En revanche, c'est un portegreffe égal et peut-être supérieur au Vialla, il est d'une merveilleuse vigueur dans mes sols les plus argileux. C'est comme portegreffe qu'il porte de grandes promesses.

[15] Blue Favorite. Un des plus beaux et des plus vigoureux Æstivalis, moins fertile encore que le Black Pearl.

[16] Bottsi : Un véritable Herbemont, un peu plus précoce. Oui-ce que l'on croire. J'ai reçu tant de Bottsi qui n'étaient pas des Bottsi mais des Louisiana, des Robert's Seedling, des Wilder, des Oporto, de simples Herbemont que je commence à douter de l'existence du Bottsi.

[17] Bourbouling : Je ne sais qui a introduit, ou intronisé et baptisé ce cépage que je crois identique à l'York-Madeira.

[18] Brant et Canada. Deux variétés qu'on a souvent confondues, bien qu'elles soient fort différentes. Oui-ce que l'arore. À reconnaître : d'abord à leur feuillage remarquablement aimé, et lobé, d'un vert foncé, rougeâtre dans le Brant, vert clair et blanchâtre dans le Canada, puis, aux raisins, qui sont longs et clairs dans le premier, ronds et serrés dans le second. Le Canada ressemble beaucoup au Bourgogne, et doit être, imité et conduit de même manière. Il commence à être connu, apprécié et recherché. Il en sera bientôt de même pour le Brant qui est plus vigoureux un peu plus précoce et dont le vin est plus riche encore, en alcool et en couleur.

[19] Cambridge : Mauvais Labrusca. Feuilles remarquables, ornementales, énormes, gaufrées, marginées, couvertes en dessous d'un épais feutre blanc qui mûrit tard, tourne en fauve.

[20] Champion : Raisin mûrissant à gros grains, d'un noir d'ébène, d'un parfum de renard tellement développé qu'il mûrit de très bonne heure et fort précoce. C'est l'abri de fort loin et fort plutôt jamais. Syn. Beaconsfield, Early Champion, Talman's Seedling. Voir note 91.

[21] Clinton. Trop vanté, d'abord, trop décrié depuis, le Clinton des d'excellents qualités et tout de plus ... son adaptation...

lique et, d'une magnifique couleur, bien mauvais d'abord, mais s'améliorant très vite et se vendant fort abordable aux plus petites bourses. Autre qualité précieuse : bon portegreffe.

[22] Clinton Black Hambourg. Rien du Clinton, rien du Black Hambourg. Ressemble complètement, et heureusement pour lui — à l'Allen's Hybr. noir, qui ressemble à l'Arnold innommé.

[23] Le Concord est le type des beaux raisins américains foncés. C'est un isolément, par sa mésalliance étrangère. C'est le favori de cet contrées pour le marché, la table, la expédition, triotes pour l'hybridation. Sentinel, Legion : En voici neveux et arrière-neveux formant... Burr's Seedling, Eaton's Seedling, Lindley, Moin, Mason's Seedling, Modena, Moore's Early, MacDonald, Ann Arbor, New Haven, Paxton, Koehler, Favorite, Sorm King, Worden's Seedling, Yana, Macedonia, Martha, Golden Concord, Lady, etc. — et tant d'autres, dont bien peu, Pocklington... et tant d'multipliés en France. Il jusqu'à présent, se sont maintenus ... et d'avoir un suffit de se dire son fils ou un parent et d'avoir un peu du parfum originairement, non accueil de l'autre côté de l'Atlantique, mais pas de ce côté ci, où ses partisans sont encore nombreux et clairsemés. Il en a cependant, et, malgré son peu de résistance dans la plupart des terrains, il prospère chez moi, vigueur, faute, peut-être, de un vin auquel ils rendent le commerce du Bordeaux et du Beaupouvoir l'échange jolais... ou du Clinton.

[24] Conquéror. Hybr. de Labrusca et de Riparia, vigoureux et résistant.

[25] Cornucopia. Quand il est arrivé en France, il a suffi qu'on dise de lui : c'est un semis de Clinton, pour qu'il fut, a priori, déclaré non résistant et condamné comme tel, sans être entendu. Il en a bien rappelé depuis lors : après avoir été relégué au bas de l'échelle, il a grimpé, quelque année, quelques échelons, et le voilà arrivé à tenir une bonne place grâce à sa vigueur exubérante, à son magnifique feuillage d'un vert foncé et brillant, à sa précocité, à sa fertilité et aux excellentes qualités de son vin franc de goût. Je le recommander, d'abord, porte-greffe et je puis le recommander et ensuite parce-que c'est qu'il est très vigoureux et ensuite parce-que c'est un portegreffe fertile.

[26] Cottage. Fils de Concord, un peu plus précoce que son père.

[27] Creveling. A donné quelques espérances, d'abord qu'on le croyait Hybride d'Æstivalis. C'est surtout un Labrusca, assez vigoureux et fertile, s'il n'était foudroié... Syn. Catawissa, Bloom.

[28] Cynthiana. Plus je cultive ce Cynthiana, plus je suis convaincu qu'il ne fait très bien per l'un d'onner une

RAISINS AMÉRICAINS

VIGNES AMÉRICAINES Producteurs directs NOIRS (Suite)	GRAPPE	GRAIN	CHAIR	GOÛT	MOÛT	Gl EUCOMÈTRE	MATURITÉ	FERTILITÉ	USAGES	VRILLES
37 ELSINBURGH. Æst. [33]	3 A C	4R	F J	F	BR v	120°	2	3	V	02
38 ESSEX. Roger's No 41 [8]	3 A	4A	T S	P	»	»	2	3	V	02
39 EUMÉLAN. Hybr. Æst. [33]	2 S	1R	PF	S	R v	110°	1.23	1.23	CVT	11
40 HARTFORD PROLIFIC. Labr. [34]	3 LC	2R	X	X	»	»	1	3	C	»
41 HARWOOD. Æst. [35]	1 SA	3R	F J	F	BR C	140°	3	1	Vt	02
42 HERBEMONT. Æst. [36]	1 AÆ	4R	F J	F	BR C	140°	4	1	V	02
43 HERBERT. Roger's No 44 [8]	2 A	1R	P SA	X	»	»	2	3	V	02
44 HIGHLAND. Ricketts [37]	1 LA	1R	P J D S	S	B	»	3	3	VT	02
45 HUNTINGDON. Rup.-Rip.-Hyb. [38]	4 A S	3RA	F R	B	BR F	140°	1.1	1	V	02
46 ISABELLE. Labr. [30]	3 R	3R	P	X	R C	905°	2	3	V O	C
47 ISRAËLLA. Labr. [40]	3 S	3R	P	PxG	R	905°	2	3	G v	C
48 IVES SEEDLING Labr. [31]	4 R	1R	P	X M	R F	140°	2	3	V	02
49 JACK, JACQUEZ. Æst. [41]	1 C A	4R	R F	F	BR F	140°	3	4	V	C
50 JANESVILLE. Labr. [31]	4 R	3R	S	x S	»	»	1	3	v T	C
51 MARION. Hybr. [42]	5 C	4R	P A	X	R F	105°	3	4	G v	11
52 MARY-ANN. Labr. [33]	4 A	3 Œ	P	X	»	»	1	3	G v	11
53 MERRIMACK. Roger's No 19 [8]	4 R S	2R	P S	X	3r	905°	3	3	V	C
54 MONTÉFIORE. Rommel's No 14 [43]	4 S	3R	F V.	S	BR v	120°	2	3	V	02

place, grande ou petite, dans tous les vignobles, surtout dans ceux des régions tempérées, à cause des ressources précieuses qu'elle offre l'accompagne richesse en couleur de son vin pour colorer, relever et améliorer ceux qui sont faibles dont le nombre augmente chaque année pendant tous les terrains, surtout dans les régions trop chaudes et trop sèches. Chez moi, dans toutes mes terres argileuses, avec ce sol variable et souvent minime de silice et de calcaire, il est, depuis 1873, plus vigoureux et plus coulard qu'aucune autre variété. Jamais la moindre trace d'oïdium, d'anthracnose ni de péronospora. Suffisamment fertile avec une taille longue et mieux encore, très longue.

Son premier vin doit être fait pur, sans aucune addition de sucre ni d'eau, qu'il faut réserver pour le second vin qui est encore un bon teinturier; au besoin, pour un troisième, d'un joli rouge, et enfin pour la piquette qui n'est que... rose. Cinq à dix litres du premier vin suffisent pour donner à un hectolitre du vin le plus clair, une couleur rouge rubis qui s'accentue de plus en plus pendant plusieurs mois après le mélange; et le bouquet du Cynthiana, trop prononcé quand il est pur, communiqué ou mélange, par lequel il est atténué, un goût réellement agréable. Bouturage très difficile. Ne planter en place et à demeure que des racines. Syn. Red River.

(30) Delaware Noir, Delaware Scuppernong. Deux noms pour la même variété et deux noms qui n'en donnent aucune idée. Rien du Scuppernong, que je ne crois être qu'une... plus susceptible, quoi qu'on en dise, d'être hybridé que d'être greffé avec une vigne quelconque; du Delaware, le feuillage, plus grand et plus vigoureux. Quant au raisin long, serré, d'un noir d'un... goût irréprochable, il se rapproche de l'A... hybride innommé.

(30) ... dans un conte de fée, un charmant prince auquel, sur son baroque, cacheu de la fée méchante, attire toutes les mésaventures possibles et qui ne devient honteux et n'épouse sa princesse que lorsqu'il en a pris un plus convenable et plus gracieux. Peut-être est-ce ce sobriquet baroque et impropre de Scuppernong qui a empêché cette excellente variété de conquérir la place qui lui revient et d'épouser la belle et capricieuse princesse Faveur des Vignerons.

(30) Early Victor. « Je ne connais, dit M. Campbell, aucun raisin noir plus propre à remplacer toutes les abominations (Quel aveu!) : Hartford, Ives, Talman, Champion, Janesville, Delvidère, qu'on a supportées à cause de leur précocité. L'Early Victor est, en effet, beaucoup moins mauvais que

(31) Précoce noir. Reçu d'Amérique avec ces deux seuls adjectifs auxquels il faut ajouter : petit et foxé.

ses abominables rivaux. Victoire facile... mais incomplète.

(29) Elsinburgh. Excellent Æstivalis, vigoureux, précoce et fertile auquel on ne reproche que la petitesse de ses grains; mais il a donné de bonne qualité pour compenser cette petite imperfection et il fera son chemin dans les régions tempérées quand il y sera mieux connu. Syn. Elsinboro, Smart's Elsinborough.

(33) Eumélan, Good Black. Bon noir. Le plus flattière des cépages; serait l'un des meilleurs et des plus productifs à cause de la beauté de ses raisins et de la grosseur de ses grains mûrissant de bonne heure et ne pourrissant jamais, si la moitié ou seulement le tiers de ses fleurs échappaient à la coulure. Un viticulteur du Rhône, enawé de l'Eumélan, supprime complètement, dit-il, ce défaut, en supprimant une petite extrémité de chaque grappe, au moment de la floraison et en pinçant le bout de la branche. Procédé à essayer aussi sur le Black Eagle, l'Alvey et autres coulards.

(34) Hartford. Type du Labrusca comme précocité et foxiness. Voir note 31.

(35) Harwood. Superbe Herbemont à grandes grappes, à gros grains; plus fertile encore et plus vigoureux, si c'est possible, que l'Herbemont, et de 15 jours plus précoce. N'a qu'un seul défaut, sa rétivité au bouturage; je le greffe sur mes vieilles souches de Jack, Cunningham, etc. Syn. Waren amélioré, ce qui est très exact.

(36) Herbemont, Waren. Sac à vin... et à bon vin, Tient, de plus en plus, la meilleure place parmi les producteurs directs, à cause de sa vigueur, de sa fertilité et de la ressemblance de son vin à nos meilleurs vins indigènes. Ses grappes et ses grains grossissent chaque année. Il s'accommode de la taille courte, mais est plus productif à la taille longue. Il ne craint aucune maladie décimante. Sa résistance au phylloxéra en fait un excellent porte-greffe, avec ce grand avantage sur d'accident à son greffon intertilles, de pouvoir, en cas d'accident à son greffon, fournir lui-même sa bonne part de bonne vendange. Il est cultivé et il prospère depuis près de cent ans en Amérique: chez moi, depuis 14 ans, il croît, chaque année, en vigueur et surtout en fertilité.

(37) Highland. Magnifique raisin à très gros grains noirs. Fils du Muscat du Jura et malheureusement du Concord.

(38) Huntington. Rupestris légèrement hybridé de ? Riparia ? Le plus précoce des producteurs noirs et le plus prompt à se mettre à fruit; fertile, grâce à l'innombrable quantité de ses petits raisins noirs; vigoureux et résistant comme le Rupestris; méritailles très courtes; feuillage arrondi et serré, com-

celui d'Alabama, par exemple, si sucré, si savoureux, si parfumé, si caractéristique, si bien approprié au brillant étranger arrivant des bords de l'Alabama, ou tout au moins celui du Jack que je persiste à considérer parce que c'est un vrai nom, a-t-on métamorphosé ce nom de Jack en un barbarisme pseudo-espagnol qu'aucun Espagnol n'a jamais porté et que les vignerons se sont hâtés, à leur tour, de transformer en Jacquet, qui n'a rien d'américain ni d'espagnol.

On a prétendu d'abord que tous ces noms indiquaient des variétés différentes, de même que certains commerçants prétendent encore aujourd'hui avoir des Jacquez à gros grains, id. à très gros grains, id. fructifères, id. extra fructifères, etc.

La vérité est qu'il n'y a qu'une seule variété, dont les grains sont plus ou moins gros, les raisins plus ou moins grands et plus ou moins nombreux suivant le sol, la culture, la région et la sélection. Sa région par excellence est celle de l'olivier : en Europe, les bords de la Méditerranée ; en Amérique, ceux du golfe du Mexique, où il a été refoulé, principalement du Mississipi et du Texas, par les maladies aériennes qui l'ont chassé devant elles et fait disparaître de tous les États de l'est et du centre.

C'est l'américain le plus connu, le plus répandu et le plus vanté dans le midi de la France, surtout semant le fertile de tous les cépages, auquel il peut prêter, soit par ses racines, soit par son vin, les trois choses qui lui manquent : la résistance, la couleur et l'alcool.

Si, comme producteur direct, son aire est assez limitée, il peut s'étendre beaucoup plus loin comme porte-greffe, parce que ses racines sont aussi résistantes aux ennemis souterrains que ses feuilles et ses raisins le sont peu aux maladies aériennes, et aussi parce que, à tout âge et à toute grosseur, il reçoit et fait prospérer tous les greffons français et américains.

Les boutures-greffées opèrent plus facilement que les simples boutures la double reprise de leur enracinage et de leur soudure avec le greffon. Ce résultat, qui paraît étrange au premier abord, s'explique très facilement : on sait, en effet, de quelques variétés, c'est que leur sève est plus disposée à monter qu'à descendre, à former des branches que des racines ; un obstacle quelconque — et la greffe constitue un de ces obstacles — qui arrête et refoule cette sève ascendante, peut que favoriser l'émission des racines, pendant toutefois qu'une quantité suffisante s'emploie à commencer la soudure du greffon.

(42) Maréch. A eu, comme producteur tolérateur un moment ; très décrié de vogue, à cause de la couleur excessivement foncé de son vin et peut-être aussi parce qu'on le croyait un hybride

VIGNES AMÉRICAINES
Producteurs directs
NOIRS (Suite)

	GRAPPE	GRAIN	CHAIR	GOÛT	MOÛT	GLUCOMÈTRE	MATURITÉ	FERTILITÉ	USAGES	VRILLES
55 MOORE'S EARLY. Labr. 23	3R	1R	PS	X	»	»	1	»	Y	C
56 NÉOSHO, RACINE. Æst. 44	3C	4R	FJA	B	RE	1005	4.5	4	Ov	02
57 NORTON'S VIRGINIA. Æst. 45	3A	3R	FJ	F	BR	1205	2.3	2	V	02
58 OTHELLO. Arnold's No 1 46	1SA	1Ru	FJRF	RF	BRv	905	2	0	V	II
59 PIZARRO. Ricketts. 47	2C	3Œ	J	S	BRv	13o	2	3	V	02
60 PULLIAT. Æst. 48	4R	3Œ	DT	FB	G	11o	4.5	3	V	02
61 RENTZ. Labr. 49	3S	1R	J	X	Rv	10o	2	4	v	C
62 RIESENBLATT. Æst. 50	5RF	4R	J	B	R	»	4.5	15	Ov	02
63 SAINT-SAUVEUR. 51	1AS	3R	FJ	F	BRv	1005	2	2	V	02
64 SCHILLER. Hybr Labr. 52	4C	2R	P	X	R	10o	1	2	V	C
65 SÉCRÉTARY. Ricketts. 53	1A	1Ru	JD	F	BRv	110	2	0	V	02
66 SEMASQUA. Underhill's. 54	1SA	1R	FJ	F	BRv	905	2	4	V	02
67 WAVERLEY. Ricketts. 47	3SA	2Œ	JF	F	BRv	1105	2	2	V	02
68 WELCOME. Ricketts. 47	2GS	2Œ	JT	F	BRC	110	3	2	V.	02
69 WILDER. Roger's No 41 8	3RS	1R	PFS	Y	SR	C110	2	3	V	CI
70 WINSLOW. Rip. 7	5C	4R	P	X	RF	12o	2	4	G	02
71 WORDEN'S SEEDLING. Labr. 23	2A	2R	P	S	X	»	2	3	V	C
72 YORK-MADEIRA. Hybr. 55	3S	2R	Pm	X	Rv	1105	3	3	GV	02

(38) Isabelle. Le premier cépage américain introduit en Europe et répandu partout, vers 1840, comme résistant à l'oïdium. Quoiqu'il soit classé comme le moins résistant au phylloxéra, il en existe encore, sans une seule foule de noms différents : des souches énormes et armenconnées survivent à toutes les variétés françaises ; on en trouve de fraiches vigoureuses sur les bords du Pô et son vin se laisse boire, quoique son raisin soit un des plus ou assez parmi les Labrusca. On le retrouve au Méditerranée et en grand nombre, dans les îles des Médiermarée et jusqu'au fond de l'Asie mineure. On se demande comment on a pu avoir l'idée de choisir une pareille variété comme mère, pour l'hybridation et le semis, d'une famille aussi nombreuse et beaucoup moins bonne que celle des Concord : Adirondac, Emeka, Hyde's Élisa, Ismella, Mary Ann, To Kalon, Brown, Clianthe, Canter, Hudson, Louise, Lee's Isabelle, Paque's Early, Pioneer, Nonantum, Sarbornton, Trowbridge, Wright's Isabella, Woodward et beaucoup d'autre, dont ceux-là, que je sache, n'a dépassé, en France, les limites étroites des collections.

(40) Israelin. Ce parent de l'Isabella se montre chez moi, depuis 10 ans, tellement vigoureux, que je lui ai utilisé souvent comme porte-greffe à gros bois.

(41) Jack. Cette variété a porté en Amérique une foule de jolis noms parmi lesquels il n'y avait qu'à choisir : Jack, d'abord, parce que celui qui l'a découverte et cultivée le premier s'appelait Jack Cigar-Box, à cause de la légende qui le fait sortir du fond d'une boîte de cigares ; Longworth's Ohio, en souvenir du grand viticulteur de Cincinnati ; dans l'Ohio, qui l'a, le premier, cultivé en grand ; Ohio, qui serait un bien joli nom, s'il n'était difficile et quoiqu'il n'en dit, pas l'air, le plus difficile à prononcer de tous les noms américains ; la nommer Herbemont, qui est le nom d'un savant, et comprendrait qu'on ait écarté Lenoir, le nom du propriétaire, quoique soit à des variétés complètement distinctes, soit à des variétés complètement, et qui serait de produire son vin mal défini, soit Black July, soit Cunningham, Black July, Jack, etc., Black Spanish et Burgundy, qui pouvaient faire croire que le Jack était un raisin d'Espagne ou de Bourgogne : El Paso, Mac Candless et autres qui de dissension rien. Mais pourquoi, au lieu de lui garder un de ses noms originaires et originaux,

Æstivalis et de Riparia. C'est une variété excessivement vigoureuse, dont les jeunes feuilles sont jaune d'or et le bois d'un beau rouge. Excellent porte-greffe qui m'a donné, cette année, la plus forte proportion de reprises pour les 12 ou 15 variétés diverses qui lui ont été confiées.

(43) Montefiore. Quel dommage qu'une variété qui porte un si beau nom, qui se dit fille du Taylor et qui a été assez bien lancée pour qu'on nous en fit payer le plant jusqu'à 4 et 5 dollars, n'ait tenu aucune de ses promesses et ne puisse être classée que dans les environs de l'Early Victor! (voir note 3)). Ce qui ne l'empêche pas d'avoir, même en France, des amateurs qui le disent très vigoureux et très fertile.

(44) Neosho. On dit que ce sont deux variétés; mais personne n'a pu indiquer leurs différences, tandis que leurs ressemblances ou plutôt leur similitude sautent aux yeux. C'est un Æstivalis qui se rapproche de l'état sauvage : résistance absolue au phylloxera... ou au bouturage; raisins très rares et très petits; magnifique feuillage ornemental, dont si elles étaient gaufrées, bombées, brillantes comme les feuilles du velours rouge; les bourgeons sont de vraies fleurs de l'être.

(45) Norton's Virginia. Parfaitement identique au Cynthiana. Cent qui veulent absolument en faire deux variétés distinctes prétendent découvrir une différence entre leurs vins.

(46) Othello. Sa réputation ne s'est point faite en Amérique, où il est encore peu connu et peu apprécié, ce qui n'est nullement une mauvaise note pour lui. C'est en France, et d'abord chez M. Léonce Guiraud, de Nîmes, qu'il a été étudié, puis multiplié de plus en plus à mesure qu'il démontrait ses excellentes qualités; et il est arrivé à tenir le première place dans la faveur, on peut dire dans l'engouement des planteurs de producteurs directs.

J'ai publié sa monographie en 1882 et il a dépassé les succès que je lui pronostiqué. Il a surtout séduit, conquis et converti les petits vigneron par la grosseur de ses grains, par son énorme et prompte fertilité, par la facilité à reprendre de bouture et à pousser vigoureusement dans tous les sols. Et la preuve de ses succès, c'est que, de tous les plants, c'est le plus... volé... et revolé. Je viens d'apprendre, non sans une certaine satisfaction, qu'on a volé, la nuit dernière, à un de mes voisins, tous les Othello, boutures et racinés, qu'il m'avait volés ces dernières années. Il parait, d'ailleurs, que ce moyen de se propager les vignes américaines n'est pas interdit par le Code pénal, puisque ceux qui le pratiquent ne sont jamais inquiétés par la justice. Un autre genre de vol, également impuni et qui se pratique sur une grande échelle, puisqu'il peut se compter par de nombreuses centaines de mille, consiste à vendre pour des Othello toutes sortes de variétés

françaises ou américaines... parfois des Labrusca archifaux. Sur 5,000 boutures d'Othello achetées, en loin, par les petits vignerons d'un village éloigné de chez moi, il s'est trouvé en tout... cinq Othello véritables!

L'Othello a, comme tous les cépages, un goût ou bouquet spécial, et bien tranché qui n'est pas le goût de fox... ni de Cabernet, mais le goût... d'Othello. Or a dit qu'il y avait deux Othello : l'un à feuilles boursouflées et à goût foxé, l'autre à feuilles lisses et franc de goût. Je suis convaincu que ces différences dans le feuillage et le... parfum ne viennent que du sol et de la région : plus la région est chaude et ensoleillée, plus ce parfum se développe et s'exagère jusqu'à devenir peu agréable; mais, dans les régions tempérées et même tardives pour lesquelles sont créées les variétés précoces, il se trouve dans le milieu qui lui convient et son vin, outre qu'il est assez riche en couleur pour faire un beau téinturier, prouve ses bonnes qualités pour son prix élevé et toujours croissant.

Il ne faut, dans aucun cas, attendre que le raisin soit trop mûr. Pour mesurer une fois de plus que les goûts spéciaux des raisins sont surtout concentrés dans la pellicule : dès les rayons du soleil — j'ai fait, en 1886, quelques hccolittres de vin d'Othello, pressé et séparé des rafles avant la cuvaison; j'ai eu un joli rouge clair et brillant, aussi fin et aussi franc de goût; qui est resté modèle de l'être.

L'Othello pr.spère dans tous les sols, même les plus argileux et les plus compacts — on a la marbrure de ses feuilles morique assez exactement les proportions et les excès d'argile. Il est tellement disposé à se mourir à fruit qu'on peut lui appliquer les tailles les plus courtes, et il se surcharge tellement à la taille longue qu'il faut, pour l'empêcher de s'épuiser, le soutenir par des fumures proportionnées.

On le dit sujet au million dans quelques régions. Chez moi, bien qu'il ait, depuis quelques années, subi de nombreuses attaques de sérieuses espérances quelles je n'ai jamais ou le temps, grâce à leur adroit de mildious. Les nombreux visiteurs qui pouvaient, sans obstacle et à porte de vue, apercevoir et admirer les grosses noires boules noires à reflets blsatres formées par les raisins de chaque souche, s'émerveillaient de l'adresse avec laquelle les ouvriers ou ouvrières avaient enlevé juste toutes les feuilles

géantes et superflues; et quand on leur affirmait que cet ouvrier était le péronospora, plusieurs s'écriaient qu'il faudrait bien pouvoir apprivoiser ce domestiquer cet habile, inoffensif et économique ennemi qui faisait, à lui seul, en quelques heures, gratis et à la perfection, un travail qui nombreuses et coûteuses ouvrières auraient mis longtemps à faire moins bien. Jamais la maudite cryptogame n'avait entendu pareil langage.

On dit aussi que l'Othello est sujet à la coulure; c'est le contraire que j'ai toujours constaté. Même en l'année couardo 1886, il n'a coulé, sur la Boraison de mes grappes d'Othello, que les quelques grains superflus qu'aurait supprimés un habile ciseleur pour permettre à tous les autres de prendre tous leurs développements. Encore une conseillerait pour permettre à tous les... Une petite particularité que j'allais oublier : les branches d'Othello portent souvent trois raisins de suite et sans intermittence.

(47, 47, 47) Pizarro, Waverey, Welcome et Peabody. Trois hybrides de Riparia et Vinifera, de M. Ricketts. Aucune parenté avec les Labrusca. Les deux premiers vigoureux, résistants avec de jolis raisins d'un très bon goût, très fertiles, surtout le Waverley qui se surcharge. Le Peabody, que je connais moins, parce que les premiers que j'ai reçus et cultivés m'étaient pas de vrais Peabody et que leurs remplaçants sont encores jeunes, paraît devoir prendre place à côté des deux autres, comme producteurs directs donnant de sérieuses espérances. Le Welcome, qui n'a, dit-on, qu'un sang de Vinifera, devra faire ses preuves de résistance avant que la beauté et la bonté de ses raisins le fassent admettre dans la grande culture.

(48) Pulliat. C'est le premier en date des producteurs directs obtenus de semis à l'Ecole Nationale d'Agriculture — et surtout de Viticulture — de Montpellier, auxquels l'éminent directeur, M.Foëx, a eu la bonne idée de donner les noms de nos maîtres en viticulture, comme témoignage le plus savant... et le plus modeste de tous.

Le Pulliat, quoiqu'obtenu d'un pépin de Neosho, se rapproche de l'Herbemont et du Jack dont il a dans les régions chaudes. Le vigneron, et, dit-on, la fertilité. Mais sa maturité est bien tardive.

Les autres hybrides de l'Ecole sont : le Lichtenstein, le Morès, le Planchon, le Riley, le Tochon, etc., encore raros et peu connus.

(49) Ricsohlent. Feuille géant. Le plus beau des Æstivalis. Bourgeon d'un rouge velouté, se recourbant, non seulement en cou de cygne, mais en queue de cochon; magnifiques feuilles étalées, non sinuées, mais avant jusqu'à 50 cent. Raisins très petits et très rares, c'est une vigne purement, mais remarquablement ornementale.

(51) Saint-Sauveur. Semis de Jack obtenu en 1877 par M. Gaston Bazille, à son domaine de St-Sauveur, dont on lui a donné le nom. Lancé pour la première fois à l'automne de 1886 dans le monde vinicole, qui remplit du bruit de son nom et de ses promesses. C'est un Jack poussé à la dernière limite de la perfection comme beauté et précocité du raisin, richesse du vin en couleur et en alcool, résistance des racines et du feuillage à tous les ennemis souterrains et aériens de la vigne.

(52) Schiller. C'est, dit-on, un semis de Lon siana. Chez moi, c'est un pur Labrusca, très vigoureux, très fertile et très foxé.

(53) Secrétary. Comme vigueur, fertilité, précocité et qualité, le Secrétary prendra certainement une des meilleures places, peut-être la première, parmi les nouveaux hybrides à grande production. Il prospère même dans les sols les plus argileux; il est tellement fertile que les faux bourgeons qui poussent sur vieux bois, et même les gourmands qui sortent d'é terre, se couvrent de raisins. Grâce à son goût très franc, avec un léger et agréable bouquet de muscat, il ne peut donner qu'un vin excellent, et celui que j'ai fait pour la première fois en 1886 a non seulement confirmé, mais dépassé mes espérances.

Le raisin de Secrétary, quoique mûrissant de bonne heure, se conserve tout l'hiver et garde son parfum léger, délicat et très finement musqué.

(54) Sénasqua. Presqu'aussi recherché que l'Othello dans quelques régions de l'est et du centre, à cause de sa fertilité, de sa précocité, de la bonté de ses raisins et surtout à cause de son déterrage, tardif qui le met à l'abri des gelées printanières, qu'il est précieux dans les vignobles mènacés de ce danger précoce, et où il sera souvent consacré, greffé sur américain, ou même lorsque son système radiculaire fléchira comme chez moi, en butte de quelques années, sans l'influence d'une cause encore inconnue.

(55) York Madeira. La théorie qui régnait il y a peu d'années et qui condamnait à priori, comme non résistantes, toutes les variétés seulement soupçonnées d'hybridation avec un Vinifera ou un Labrusca, reçut un premier coup — et un coup mortel — de cette variété qui était évidemment un hybride et qui s'affirmait incontestablement un système, résistance au phylloxera dans les sols les plus secs et les plus maigres. Une fois la brèche ouverte, tous les hybrides, même les moins résistants, y ont passé pour enrahir la place, et la fameuse théorie a disparu.

L'York Madeira a une végétation modérée et parfois une apparence chétive qui n'olse rien à sa rusticité et permet seulement de le planter plus serré. C'est un médiocre producteur d'rect, quoiqu'on utilise, dans quelques régions, son vin d'un goût passable, d'une belle couleur, mais c'est un porte-greffe de premier ordre pour les terrains secs et pour les variétés à développement modéré.

(50) Ricsohlent (voir haut de colonne)...

(40) Rentz. Ressemble à l'Ives. Voir note 31.

RAISINS AMÉRICAINS

VIGNES AMÉRICAINES
Producteurs directs
BLANCS

	GRAPPE	GRAIN	COULEUR	CHAIR	GOUT	MOUT	GLUCOMÈTRE	MATURITÉ	FERTILITÉ	USAGES	VRILLES
73 ALLEN'S HYBRID. blanc [1]	3 SAE	1 R	D F F J	B	J	B V	100	3	2	T V	02
74 AMBER. Rommel's [2]	3 R	2 R	J	P	P	P V L	110	2	4	G v	02
75 AUTUCHON. Arnold's N° 25 [3]	1 L C	3 R	V D F	S F	B V	L	105	3	3	T	02
76 BEAUTY OF MINNESOTA. Kramer [4]	4 R C	3 R	J V F	S	B V	L	120	2	1	V T	02
77 CENTENNIAL. Æst. [5]	2 L S	2 R	B A D	V B	F	»	»	3	2	T v	02
78 CROTON. Underhill's [6]	1 L C	1 R	V E F	S F	B	L	120	2	4	T	02
79 DUCHESS. Cayrood's [7]	3 SAE	2 R	D	F	S F	B V	100	2	3	T V	02
80 EL DORADO. Ricketts [8]	3 R	1 R	J	D P D	S B	»	»	3	2	V	02
81 ELVIRA. Rommel's [9]	3 RS	3 R	V	É P S	Y B	V	100	2.3	1	G V	C
82 ETTA. Rommel's [10]	3 RS	3 R	V	A P	S P B	V	100	2	3	V	C
83 FAITH. Rommel's [2]	5 A	3 R	B A	J S	F	»	»	1	5	G v	II
84 GOLDEN GEM. Ricketts [11]	4 A	3 R	D	J T	B P	L	»	1	3	T	II
85 GREIN'S EXTRA EARLY N° 7 [12]	4 A C	3 R	V J	P S	P	»	»	4	4	T v	C
86 GREIN'S GOLDEN N° 2 [12]	4 AE	3 R	J	F P	S	P	»	1	4	T v	C
87 HUMBOLDT. Muench [13]	4 R S	3 R	V J	P F	B	G R	120	3	3	G V	02
88 HYBR. DE CLINTON blanc [14]	3 SAE	3 R	U V D	F J	B V	L	90	2	3	V	02
89 IRVING. Underhill's [15]	1 S A	1 R	J	D F J	S F B	V	100	2	1	T v	02
90 LADY. Lahr [16]	4 S	1 R	J V	P T	S	»	»	2	4	T C	C

Notes des producteurs blancs

(1) Hybride de Chasselas et d'une variété américaine. Un des plus anciens, et des premiers introduits parmi les cépages américains. Très recherché d'abord, trop abandonné depuis; mérite une meilleure place, non seulement dans les collections, mais parmi les raisins de table.

(2, 2, 2). Amber, Faith, Pearl, Transparent, quatre hybrides de Rommel, donnant de jolis raisins, fort agréables de goût; fertilité variable et parfois insuffisante comme production directe, surtout pour la cuve, mais tous vigoureux et résistants à cause de leur descendance du Riparia croisé avec d'excellentes variétés blanches et pouvant fournir d'excellents raisins blancs de table et peut-être de bon... ture.

(3) Aziuchon. Joli feuillage vert brillant, bien découpé. Joli raisin, long, noir, très bon.

(4) Beauty of Minnesota. Fort différent du Beauty de Rommel. Un pied-mère venant d'Amérique, fort chétif et fort mal placé, a commencé, en 1883, à me donner quelques petits grappillons d'un goût exquis: ces observations de 1884 et 1885 ayant confirmé et augmenté ma première impression ci ma bonne opinion, j'ai commencé en 1886 à le multiplier et je conti... parce que je le crois appelé, parmi son... plaisent, à prendre une des premières places parmi les raisins blancs de table et de cuve.

(5) Centennial. Très vanté en Amérique comme Æstivalis, blanc, fertile, mûrissant tôt, se conservant tard; presque inconnu en France.

(6) Croton. Vigoureux et résistant chez moi depuis 9 ans. Joli raisin vert, transparent, à grains dorés tachetés de rouille. Aussi franc de goût et aussi bon que nos meilleurs raisins français; très fertile et méritant, à cause de sa richesse alcoolique, d'être multiplié, en grande culture pour la production du vin blanc.

(7) Duchess. Tient actuellement la première place parmi les raisins de table venus d'Amérique, peut lutter avec tous les raisins connus comme finesse de goût, délicatesse de parfum et conservation parfaite jusqu'au printemps. Ne peut manquer, quand il sera, grâce à sa vigueur, entré dans la grande culture, de donner un vin d'une qualité exceptionnelle.

(8) El Dorado. Mérite parfaitement son nom par la couleur jaune d'or de son beau raisin, excessivement et étrangement parfumé.

(9) Elvira. Un des plus anciennement réputés et les plus connus parmi les cépages blancs Classé

à tort parmi les Riparias. Très fertile, parce que le nombre des raisins compense leur petitesse; discuté comme qualité de vin, parce qu'il a un goût ani generis de fraise ou de framboise qui s'atténue avec le temps et les soutirages, et qu'on peut faire disparaître en tout ou en partie en pressant les raisins avant la cuvaison et en enlevant les rafles et les pellicules, qui contiennent spécialement les susdits parfums. Fait, en tout cas, un excellent porte-greffe.

(10) Etta. Semis et perfectionnement de l'Elvira? Le progrès, si progrès il y a, est peu sensible. Grande vigueur, beaucoup de raisins, aussi petits que ceux de l'Elvira.

(11) Golden Gem. A la prétend à enlever la première place au Duchess, ou au moins de le partager avec lui. Les parts sont ouvertes; je tiens pour le Duchess, tant je serai surpris, mais enchanté, de trouver mieux.

(12, 12, 12) Grein's Hybr. Les hybrides de Grein donnent tous d'jolis raisins blancs ou verts, dorés, parfois dorés, d'un goût agréable. Le n° 4, Missouri Riesling, peut-être comparé, pour sa vigueur et sa fertilité, au Noah, qu'il dépasse peut-être comme qualité; c'est un cépage de cuve et un excellent porte-greffe. Le n° 2, Golden, a des raisins bien dorés; le n° 7, Extra Early, est le plus précoce de tous. Les n°s 3 et 4 se rapprochent du n° 1, auquel ils sont, dit-on (?) supérieurs (Voir n°s 237, 238).

(13) Humboldt. Hybr. d'Æstivalis et de Riparia. Capricieux comme production: sa fertilité, que j'ai marquée 3, est, tantôt 1 et tantôt 5. C'est dommage, car il pourrait donner un bon vin blanc; mais les autres qualités qu'il tient de ses ancêtres en font un très bon porte-greffe.

(14) Rien du Clinton ni comme feuillage, ni comme fruit. Excellent, mais peu fertile.

(15) Irving. J'ai une petite dent contre cette variété parce qu'elle m'a causé quelques déceptions. La beauté et l'abondance de ses raisins m'avaient fait espérer qu'il pourrait rivaliser avec le Triumph comme qualité et comme fertilité. Il m'a fallu rabattre, de ces illusions; mais, malgré ma rancune, je suis forcé de reconnaître que l'Irving reste une magnifique variété.

(16) Lady. Un des plus beaux et des meilleurs raisins d'Amérique, ce que disaient les Américains. Il ne lui manque que de produire ces fameux raisins. C'est un pur Humboldt.

(17) Lady Washington. Ne pas confondre avec le président. Quoique ce soit, lui aussi, un hybride de Labrusca, dont il a le feuillage épais et tomenteux. C'est beau raisin mais peu fixé. Cépage vigoureux et très fertile.

RAISINS AMÉRICAINS

VIGNES AMÉRICAINES
Producteurs directs
BLANCS (Suite)

	GRAPPE	GRAIN	COULEUR	CHAIR	GOUT	MOUT	GLUCOMÈTRE	MATURITÉ	FERTILITÉ	USAGES	VRILLES
91 **LADY WASHINGTON.** Ricketts [17]	2 A S	1 R	B D F	D B	B	L	10º5	3	2	T V	02
92 **MARTHA.** Labr. [18]	4 C	3 R	B D P	S S X	B		10º5	2	3	T C	C
93 **MASON'S SEEDLING.** Labr. [19]	3 S	3 R	B	P F	B	»	»	2	4	T	C
94 **MAXATAWNEY.** Hybr. [20]	3 C	3 Œ	D	P	S B	»	»	4	4	T V	C
95 **MISSOURI RIESLING.** Grein's Nº 1 [12]	3 S	2 R	V É	P Y	B V	11º	2.3	2	1	G V	C
96 **NAOMI.** Ricketts [21]	2 C L	3 R U	V	J F	S B V	L	11º	2	2	T V	02
97 **NOAH.** Noé, Vasserzieher [22]	1 S	1 R	V	P S	Y B V	L	12º5	2.3	3	O V	G I I
98 **PEARL.** Rommel's [2]	3 R	2 R	B J	P F	V x	V	11º	2	4	G V	I
99 **PERKINS.** Labr. [23]	3 S A	3 Œ	V	r P S	B	»	»	2	3	T	C
100 **PETER's WYLIE.** Hybr. [24]	3 S	3 R	V É	F s	S B	V	12º5	3	2	T V I I	I
101 **POCKLINGTON.** Labr. [25]	1 S Æ	2 R	B J	J T	X	»	»	2	2	T	C
102 **PRENTISS.** Hybr. [26]	3 S	3 R U	B D P	S	B	»	»	2	3	T V I I	I
103 **PURITY,** Campbell's [27]	4	4 R	B	D P S	B	»	»	2	4	T	I
104 **REBECCA.** Labr. [28]	3 S	3 Œ	A V T	D S	S	V	11º	2	4	T	C
105 **TRANSPARENT.** Rommel's [2]	5 A S	3 R	J V J S	B	L		12º		5	G V	02
106 **TRIUMPH.** Campbell's [29]	O S A	O R	V D F J	F B V G	8 0º5	2.3	2	4	T V	02
107 **UHLAND.** Riparia Hybr. [30]	5 R S	3 R	V É F J	P	G	11º	2	4	C	I
108 **WYLIE Nº 4.** Hybr. [31]	5 C	3 Œ	B D F J S	F B	B	»	»	2	5	T	02

(16) **Martha.** J'écrivais en 1873: Son raisin a tous les goûts, excepté le goût de raisin... et j'ajoute: des goûts étrangers trouvent, même en France, des amateurs qui s'en régalent (pas moi).

(17) **Mason's Seedling.** Un Martha perfectionné.

(20) **Maxatawney.** Un peu moins éloigné du Chasselas que les deux précédents.

(21) **Naomi.** Joli feuillage vert comme le Riparia. Joli raisin d'un goût franc et agréable.

(22) **Noah.** Fils du Taylor et frère de l'Elvira, bien supérieur à ses parents. Un des cépages les plus vigoureux, les plus fertiles et les meilleurs pour la cave et pour l'alambic. Commence seulement à être connu et apprécié comme il le mérite. Quand personne n'en voulait, j'en ai greffé de grandes quantités, soit à l'atelier, soit en place avec des hybrides Bouschet, des Durif et des Portugais bleu. C'est un solide et vigoureux portegreffe, mais je me garde bien maintenant de faire regretter les quelques rares manquants, regrettant presque qu'il n'en ait pas manqué davantage. Très vite l'alcoolique perd très vite le petit goût spécial que lui donnent les pellicules, quand on le fait cuver avec elles; mais le meilleur moyen de l'obtenir franc de goût est de le pressurer avant la fermentation.

(23) **Perkins.** Cousin du Martha. Joli raisin, se teintant de rose à la maturité. Peut aussi être trouvé très bon par ceux qui l'aiment.

(24) **Peter's Wylie.** Il y a un nº 1, et un nº 2, fils du nº 1, je n'en ai qu'un, je ne sais lequel et je m'en console. Variété vigoureuse, musquée, très inférieure comme goût aux autres hybrides de Wylie, surtout au nº 5, le Berkman's rose.

(25) **Pocklington.** « Le plus grand et le plus etonnant raisin blanc d'origine indigène obtenu jusqu'à ce jour... » J'attends, pour constater ce pompeux éloge, que mes souches ou continuateurs, dont les premières sont restées chétives parce qu'elles étaient mal placées, m'aient donné de plus beaux raisins que jusqu'à présent.

(26) **Prentiss.** Excellente variété, très vigoureuse, excessivement fertile. Goût très acceptable, donne des espérances.

(27) **Purity.** Petit raisin d'amateur d'un goût très par; une sorte de Delaware blanc.

(28) **Rebecca.** Tardif, chétif, peu fertile, un numéro de collection.

(29) **Triumph.** On prétend que c'est un fils de Concord et de Chasselas musqué. Difficile à croire, à moins que ce Chasselas n'invoque le Pater à moins... ce fils d'un nègre et d'une blanche en ait le bon esprit de ne ressembler qu'à sa mère et d'être plus beau qu'aucun Chasselas. Il est

autant au dessus du Noah que celui-ci est au dessus de l'Elvira. Très vigoureux, très fertile, magnifique feuillage. Son vin, bien meilleur et plus fin que celui du Noah, gagne comme lui à être séparé des rafles et pellicules avant la fermentation, et celui que j'ai obtenu en 1886, en employant ce procédé, est d'un goût très fin et très franc, bien supérieur à celui des années précédentes.

(30) **Uhland.** Semis de Taylor, aussi vigoureux et beaucoup plus fertile. Raisins petits, mais nombreux, d'un goût franc et agréable.

(31) **Wylie nº 4.** Ressemble au Taylor comme feuillage, comme fruit et comme vigueur.

En résumé, les producteurs directs blancs nous offrent sans être greffés, des ressources précieuses pour la table, la cuve et l'alambic.

Note de la Page 15

(23) **Scuppernong.** C'est parce que je ne sais où le caser que je le place ici, à cause de son fruit brunâtre, cet unique représentant de la section Muscadinia, qui ne forme qu'une seule espèce: Vitis Rotundifolia ou Vulpina: espèce étrange, qui n'a avec les vingt autres espèces de vignes de l'ancien et du nouveau monde aucune ressemblance de feuillage, de fleur ni de goût, aucune affinité, puisqu'elle ne peut s'allier à aucune autre espèce par la greffe ni par l'hybridation, qu'elle ne reprend pas de bouture et qu'elle n'est étanquée par aucun des ennemis souterrains ou aériens des véritables vignes. Cette immunité absolue en aurait fait introduire, il y a 15 ou 20 ans, d'assez grandes quantités en Europe, où elle n'a réussi nulle part, d'abord parce qu'il lui faut une température chaude et humide comme celle des régions méridionales des États-Unis, où son exubérance est telle que M. Planchon en a vu une souche couvrant 80 ares, et ensuite parce que ce n'est pas une vraie vigne: ses baies, grosses comme des prunes, avec une pellicule épaisse et immangeable, réunies en bouquet, en nombre de 4 à 6, mûrissant et tombant les unes après les autres, donnant un jus qui n'a que 3 ou 4 degrés d'alcool, qui ne peut fermenter qu'avec une énorme addition de sucre et qui n'est pas du vin.

Des quelques variétés de Roundifolia que j'ai reçues d'Amérique en 1876 (Flowers, Mish, Tenderpulp, Thomas) il ne me reste plus que le Scuppernong, une touffe étouriffée qu'il ne faut pas tailler et qui ne m'a jamais donné que quelques baies rares et éparses, incapables de mûrir.

Synonymes: Bull, Bullace, Bullet, Roanoke, White Muscadine, Yellow Muscadine.

RAISINS AMÉRICAINS

VIGNES AMÉRICAINES
Producteurs directs
POURPRES, ROSES, GRIS

	GRAPPE	GRAIN	COULEUR	CHAIR	GOUT	MOUT	GLÉOCOMÈTRE	MATURITÉ	FERTILITÉ	USAGES	VRILLES
109 AGAWAM. Roger's No 15 [1]	2 A	1 R	P	P	x	R	105	2	3	G	II
110 AMINIA. Roger's No 39 [2]	3 C	1 R	P	P S	X	R G	100	2	3	G	VII
111 BEAUTY. Rommel's [3]	4 R	3 Œ	R L D T	S	G		110	2	4	V	C II
112 BERKMANNS. Wylie No 5 [4]	5 C	3 R U	R F I S	B B	»	B	»	2	4	T	02
113 BRIGHTON. Moore's [5]	3 A S	2 R	R T	J	P	»	»	2	3	T	II
114 CATAWBA. Hybr. Labr. [6]	3 L C	2 R	R É P Fs	P	B	R	905	3	3	T	II
115 CHALLENGE. Hybr. Labr. [7]	4 R S	3 R	R P D	S	»	»	»	1	»	V	02
116 CUNNINGHAM. Æst. [8]	3 S	3 R	R N F J	F B	F	B	120	4	2	V G	»
117 DELAWARE. Hybr. Æst. [9]	4 B	3 R	R F S S	B R	G	G	110	2	3	T V	02
118 DIANA. Hybr. [6]	4 R	2 R	R É P Fs	B	S	R	100	2	3	T G	02
119 DIANA-HAMBOURG. Hybr. [6]	2 A S	2 R U	R J T D	F B	»	B	»	3	»	T C	02
120 DRACUT-AMBER. Labr. [10]	5 C	3 R	R	P	X	»	»	3	5	V C	I I
121 EMILY. Hybr. Vinif. [11]	2 C	3 Œ	R	F	J	F B	G	120	2	3	T V	02
122 EXCELSIOR. Ricketts [12]	1 L A E	U	R R F S	S	B	G	R 110	3	2	T V	02
123 GŒTHE. Roger's No 1 [13]	2 G	1 Œ	J É P S	S B v	G	C	8°	4	2	T v	02
124 HERMANN. Æst. [14]	3 L S	3 R	R G J T	F B	B M	100	4	3	v	» 02
125 HINE. Hybr. Labr. [15]	3 A S	2 R	P	D J	P x			»	3	v	I I
126 IONA. Hybr. Labr. [6]	3 L	2 B	R É P S	P m	G v	110	3	2	T	02

Notes des Producteurs pourpres, rouges, roses et gris.

(1) Agawam. Sa vigueur exubérante et persistante, sa résistance aux maladies aériennes, sa fertilité, la beauté de ses raisins et la grosseur de ses grains, le font, malgré son goût un peu foxé, rechercher et multiplier par quelques viticulteurs.
Pour tous les hybrides de Roger, voir la note 8 des Noirs.

(2) Aminia. Aussi vigoureux, un peu plus foxé que l'Agawam. Ces deux variétés m'ont fourni de bons et gros portegreffes.

(3) Beauty. Assez vigoureux chez moi, mais peu fertile et de médiocre qualité. Bien se garder de le confondre avec lui-son quasi homonyme le Beauty of Minnesota, bien différent et bien meilleur.

(4) Berkmann's. Joli et excellent raisin rose, ressemblant au Delaware. Difficile à mettre à fruit à cause de sa végétation exubérante comme celle du Clinton.

(5) Brighton. Beau feuillage rappelant celui du Vialla, bon raisin précoce ressemblant à un Concord, rouge et moins fertile.

(6, 6, 6, 6) Catawba. Une des variétés préférées des Américains, courant chez eux, depuis longtemps, de grandes surfaces, donnant, comme chez nous, des résultats fort variables suivant les sols et les expositions, ce qui fait dire aux uns qu'il est résistant au phylloxéra et aux autres qu'il ne l'est pas. Bien joli raisin, peu apprécié en France.
Synonymes : Red Muncy, Catawba Tokai, Singleton.

(7) Challenge. On a, pendant quelque temps, donné à l'Othello le nom de Challenge, erreur d'autant plus inexplicable que les petits raisins noirs du Challenge sont aussi différents que possible des grands raisins noirs de l'Othello.

(8) Cunningham. Y a-t-il deux variétés ou sous-variétés de Cunningham? On s'en trouverait tenté par la couleur livide des raisins tantôt assez colorée comme celle du Louisiana, tantôt presque noire. Le différend, si différend il y a, est insignifiant, le vin restant toujours d'une couleur terne, à peine teintée de rose.
Le Cunningham peut être, malgré sa grande fertilité, à grande richesse alcoolique et l'excellent goût bien

franc de son vin, discuté comme producteur direct, parce qu'il manque de couleur qu'il est d'une maturité très tardive, et en outre excessivement résistant, rustique, poussant vigoureusement dans les sols argileux, pierreux, secs... et la grosseur de ses bois en fait, quoiqu'on en ait pu dire, un excellent portegreffe, surtout pour nos grosses variétés. Son jeune bois est souvent aplati, ce qui lui donne un très fort diamètre pour la greffe. Ses boutures se garnissent d'abondantes racines sur toute la longueur des mérithalles comprise entre les nœuds.

(9) Delaware. A été, jusqu'à ces derniers temps, le meilleur des raisins de table que nous eût envoyés l'Amérique, et presque le seul dont le goût délicat eût trouvé grâce devant les palais françois. On a dit qu'il n'était pas résistant, il a prouvé le contraire on a dit qu'il n'était pas fertile et il se charge abondamment de jolis petits raisins d'un rose vif, mûrissant de bonne heure, se conservant longtemps et donnant un excellent vin rose.
Son feuillage ressemble à celui de l'Estivalis, ce qui permet de croire que le Delaware est un hybride de hasard d'Estivalis. Ceci expliquerait ses bonnes qualités.
Le Reliance de Burrows ressemble beaucoup au Delaware.
Les Delaware blancs obtenus de semis n'ont, paraît-il, rien donné de présentable (quoiqu'on parle, en Amérique, d'un Kalista et d'un Lacrissa.
Delaware noir. Voir note 29 des noirs.

(10) Dracut-Amber. Trouvé mauvais, même en Amérique.

(11) Emily. Ici-eu, dit-on, d'un pépin (raisin, ce qui explique la finesse de son goût, mais ne ferait pas présumer sa résistance indéfinie, quoiqu'il se comporte bien, depuis plusieurs années, chez moi et dans la Gironde. M. Piola dit que son vin est délicieux.

(12) Excelsior. Un des plus beaux parmi les nouveaux raisins américains, excessivement fertile et d'un goût spécial, non seulement acceptable mais agréable.

(13) Gœthe. A moins le goût américain et plus le goût françois que la plupart des hybrides de Roger. Est, comme eux tous, remarquable par la beauté de ses raisins, la grosseur de ses grains et, en outre, par sa fertilité.

(14) Hermann. Semis de Norton's Virginia, plus Estivalis encore que son auteur : Bourgeonnement plus coloré en rouge, réuni-plus grands et bouton rouge. Résistance complète. Feuillage brillant et gintré. Raisins longs et serrés en face de muir. Vin gris rosé-fané de goût. Mais sa propagation est entravée par sa maturité tardive, son manque de couleur et la difficulté de faire reprendre ses boutures.

RAISINS AMÉRICAINS

VIGNES AMÉRICAINES
Producteurs directs
POURPRES, ROSES, GRIS
(Suite)

	GRAPPE	GRAIN	COULEUR	CHAIR	GOUT	MOUT	GLEUCOMÈTRE	MATURITÉ	FERTILITÉ	USAGES	VRILLES
127. IOWA EXCELSIOR. Hybr. [16]	3 A	2 R	R	P	S	»	»°	2	»	C	02
128. JEFFERSON. Ricketts [17]	2 A	2 R	VRr	RF	DS	GL	12°	3	0	TV	02
129. LINDLEY. Roger's No 9 [18]	4 M C	1 R	R	P	F Yx	R	11°	3	3	V CI	02
130. LOUISIANA, RULANDER, Æst. [19]	3 P S	3 R	RG	FS	FB	RC	12°	3	2	V	02
131. MASSASOIT. Roger's No 3 [20]	3 C	1 R	P	PT	Y	RC	10°	1	3	V	»
132. PAULINE. Æst. [21]	3 S	3 R	RG	FS	B	Vr	11°	4	4	VT	»
133. RELIANCE. Burrow's, Hybr. [6]	4 R	3 R	R	FSS	BrG		11°	2	3	TV	02
134. RÉQUA. Roger's No 28 [20]	3 C	1 R	RR	PSF	PS	GL	10°	3	3	T	II
135. ROCHESTER. Hybr. [22]	3 S	3 R	PR	PR	B	»	»	3	»	V	II
136. ROGER'S HYBR. No 2 [20]	2 C	1 R	P	FFM	S	R	»'	4	4	vC	II
137. ROGER'S HYBR. No 32 [20]	3 C	2 R	R	RFD	YbGr		8°	3	4	vC	II
138. SALEM. Roger's No 53 [20]	4 R	3 R	R	P	PSR	G	10°	4	3	VT	C
139. SCUPPERNONG. Rotundifolia [23]	5 R	OR	AFD	JS	G	»L	10°	3	3	GV	CI
140. TÉLÉGRAPH? Hybr. [24]	3 C	1RA	RPS	x	RM	É		2	4	G	II
141. To KALON. Hybr. Labr. [25]	4 C	1RGb	P	x	Rx	Rm		2	4	C	02
142. WALTER. Hybr. [22]	3 S	3 R	RTDS	»	»	»		3	»	V	»
143. WHITEHALL. Labr. [22]	3 C	2 R	RPDX	»	»	»		1	»	V	C
144. WILMINGTON RED. Hybr. [22]	3 S	3 R	R	Dx	»	»		3	»	C	C

(15) Hine. Semis de Catawba.

(16) Iowa excelsior. C'est, dit-on, un fort beau raisin rouge. « aussi bon que l'Agawam. » Mais mes souches ne se pressent pas de m'en montrer.

(17) Jefferson. Encore un hybride de Ricketts, des plus beaux et des plus variés en Amérique. Quel dommage que ce soit encore un fils de Concord et d'Iona, et que son raisin, réellement magnifique de tournure et de couleur, ait encore, bien que fortement atténué, ce parfum de Iona qui nuit tant, jusqu'à présent, en France, à tous ces amateurs !
Souche vigoureuse et très fertile.

(18) Lindley. Variété excessivement vigoureuse, m'a été envoyée plusieurs fois pour du Triumph, auquel il ressemble un peu comme feuille, là dessus toutefois facile à distinguer, parcé d'un duvet velouté de ses petites feuilles et court du Triumph routé-rouge et rose, tandis que celui du Triumph est blanc, très rare et imperceptible roué. Petit raisin rouge et gros grains. Peu fertile, peut-être à cause de sa vigueur trop exubérante. Bon porte-greffe, comme le prouvent les vrais Triumph greffés depuis longtemps sur le Lindley déjà gros que l'avais reçus par erreur.

(19) Louisiana, Rulander. Son raisin ressemble tellement à celui du Pineau gris, — Rulander en Allemagne — que des Allemands, arrivant en Amérique et voyant des raisins de Louisiana, ont dit : Voilà le Rulander! et voyant celui-ci sous loi-loquel a été d'abord connu et répandu vrai Louisiana, qui s'appelle aussi l'ona-a-Gardish conserré, Red Ebben, le Richon's Seedling ou le Botsi, avec le Pauline, le Richon's Seedling ou le Botsi, et même,si l'on veut, avec le Cunningham, dont il se rapproche par ses feuilles plus petites et par ses raisins moins foncés.
On a présenté aussi qu'il était d'origine purement européenne, soit à cause de cette ressemblance avec le Pineau gris, soit à cause de son excellent goût, mais c'est bien un Æstivalis américain, robuste et résistant. Bois dur et court joiaté, feuilles arrondies et tourmentées, légèrement duvetenes en dessous, restant vertes jusqu'après les premières gelées.
Sa maturité inégale, son manque de couleur et quelques échecs, vrais ou faux, qu'on lui a reprochés, empêchent sa culture de prendre une grande extension.

(20, 20, 20, 20) Roger's n°s 2, 98, 39, 53, 7, 8 etc... Voir la note générale 8 des noirs.
Le Requa est remarquable par la couleur vraiment et extraordinairement rouge vif de ses raisins, dont notre Chasselas rouge ne donne qu'une faible idée.
Le Salem a une jolie couleur noisette doré et un goût spécial, fin et délicat.
Les autres nos n'ont pas eux que la beauté de leurs raisins.

(21) Pauline. Le plus bizarre des Æstivalis. Ses jeunes bourgeons tordus,déjetés, ses petites feuilles recroquevillées et rabougries, ses petites vrilles chétives et embrouillées ont l'air d'être la proie de toutes les maladies aériennes, ce qui n'empêche pas feuilles et bourgeons de se guérir bientôt, sans aucun remède, et de devenir de grosses et longues branches portant un magnifique feuillage et des vrilles d'une longueur, d'une solidité et d'un enracinement exceptionnels. Les savants appellent noirs ou marrons qui se trouvent sur les petites feuilles et sur les jeunes bois. C'est, en tout cas, une bien aimable et bien remarquable anthracnose que celle qui se guérit toute seule, disparaît sans laisser de traces, et n'attaque jamais le raisin.

Plante excessivement vigoureuse et résistante; gros raisin à petits grains rougeâtres, très serrés, franc de goût.

Rencontre, comme tous les Æstivalis du sud, trois obstacles à sa multiplication en France : maturité tardive, vin incolore, fertilité irrégulière.

Syn. Burgundy of Georgie, Red Lenoir, Robeson Seedling et... confusion du tout avec l'insaisissable Botsi.

(22, 22, 22, 22) Rochester, Walter, Whitehall, Wyoning red ou Wilmington red. Tous jolis raisins ayant des couleurs toutes plus jolies les unes que les autres, mais des goûts se rapprochant plus ou moins du foxiness.

(23) Voir à la fin de la page 13.

(24) Télégraph. Classé tantôt dans les Æstivalis, tantôt dans les Labrusca. Celui que j'ai eu est un hybride excessivement vigoureux, avec des raisins à gros grains plutôt rougeâtres - brun que noirs, à gros bois dur, bon comme portegreffe.

(25) To Kalon. Vigoureux, mais peu fertile et donnant un jus grisâtre tellement épais que le gleucomètre ne peut s'y enfoncer.

Cette catégorie de toutes les couleurs est celle qui, à part quelques variétés, c'est le moins répandue en dehors des collections, quoique elle renferme quelques-uns des plus beaux raisins qui se puissent voir comme grosseur des grappes et des grains, r chesse et étrangeté des coloris, depuis le petit perlé jusqu'au pourpre encore plus étranges et plus et leurs parfums sont excellents. Mais leurs goûts variés, et l'on est tout churi, quand on croit goûter un raisin, de manger quelque chose qui y ressemble à s'y... Patience! On s'habitue-à-tout!! et l'on verra bientôt quelques-uns de ces beaux fruits et quelques blancs du même genre conquérir d'aussi chauds partisans que l'huitre, la framboise ou la tomate crue.

PORTEGREFFES

Infertiles

145 ARIZONICA (Vitis) [1]

146 BERLANDIERI (Vitis) [2]

147 **BLUE DYER.** Hybr. Rip. [3]

148 CALIFORNICA (Vitis) [1]

149 CANDICANS (Vitis) [4], MUSTANG [4]

150 CARIBŒA (Vitis) [1]

151 **CHAMPIN** [5] No 1. Hybr. Cand. Rup.

152 » No 2. Hybr. Cand. Rup.

153 » No 3. Hybr. Cand. Rup.

154 » No 4. Hybr. Rup. Cand.

155 » No 5. Hybr. Rup. Cand.

156 » No 6. Hybr. Rup. Labr.

157 » No 7. Hybr. Rup. Cord.

158 » No 8. Hybr. Rup. Rip.

159 **CINÉRÉA** (Vitis) [6]

160 » Canescens [7]

161 » Fertile [8]

162 **CORDIFOLIA** (Vitis) [9]

163 » noir glanduleux.

Notes des Portegreffes

La classification des portegreffes est complètement facultative, arbitraire et, qui plus est, injuste et erronée. Nous avons déjà vu que la plupart des producteurs directs sont d'excellents portegreffes; je me hâte de dire que j'ai une préférence toujours croissante pour les portegreffes fertiles, dont les avantages et la supériorité sur les infertiles sont évidents et incontestables. Ils fournissent des sujets aussi résistants, aussi vigoureux, et — à part quelques exceptions, en faveur des Rupestris, des Cinéréas, des Champin — s'adaptant aussi bien à tous les terrains; ils ont généralement de plus gros bois, se marient et se soudent parfaitement avec tous les greffons français; et enfin, soit qu'ils aient été greffés à l'atelier, à la pépinière ou dans la vigne, ils sont toujours prêts, pourvu qu'on les laisse repousser du pied, à remplacer les greffes manquées ou détruites par un accident et à fournir leur part de vendange.

Ce qu'il y a de plus désagréable — pour l'œil et pour la cuve — ce sont les lacunes, les trous, les taches que font, dans un vignoble greffé, les manquants. Avec les producteurs directs employés comme portegreffes, il n'y a plus de manquants, ni pour l'œil, ni pour la cuve. Jusqu'à présent, les portegreffes stériles ont tenu le haut du pavé et ont eu leur raison d'être par la possibilité d'en faire venir d'Amérique, par leur bon marché relatif, leur abondance de bois, leur facilité de reprise et de multiplication, leur vigueur, les aptitudes spéciales de quelques uns d'entr'eux, les réclames bruyantes en leur faveur, les préjugés contre les autres variétés, etc., mais les portegreffes fertiles, le Jack en tête et tous les autres à la suite, commencent à gagner du terrain, leur tour viendra et le jour n'est pas éloigné où ils supplanteront partout ou presque partout, les variétés stériles, excepté celles ayant seules et sans concurrents, la faculté de s'adapter à certains sols ou de donner des quantités et des qualités incontestablement supérieures de reprise et de soudure.

Je devrais remettre en tête de cette liste tous les producteurs directs que j'ai signalés comme portegreffes, depuis l'Amber et l'Elvira jusqu'au To Kalon ou à l'York Madeira, mais l'énumération serait trop longue et peut-être superflue. Je me borne à y renvoyer mes lecteurs et je vais, sous le bénéfice des réserves ci-dessus, passer en revue les variétés stériles, ou peu s'en faut, qu'on emploie ou qu'on essaye d'employer comme portegreffes, le plus souvent parce qu'elles ne sont pas bonnes à autre chose.

(1. 1. 1. 1.) Arizonica (Vitis). — Quatre espèces sauvages de l'ouest, ouest-sud et sud de l'Amérique du nord : Arizonica, assez vigoureux chez moi ; Californica, beaucoup moins ; Caribœa, pas du tout, et Lincecumii ou Post-Oak moins encore puisqu'il a péri, parce que ces dernières espèces sont originaires de régions encore plus chaudes que les deux autres.

(2) Berlandieri (Vitis). — Espèce résistante et vigoureuse, étudiée, définie, spécifiée et classifiée par M. Planchon, renferme, comme toutes les espèces multipliées de semis, Riparia, Rupestris, Cordifolia, etc., des sujets légèrement variés sans sortir des limites caractéristiques de l'espèce; les uns portant de petits raisins longs à petits grains noirs très serrés, sans mauvais goût; les autres, complètement infertiles; tous très aptes à recevoir et à faire prospérer les greffes des variétés françaises. Syn. Little Sveet (par erreur Surret) Mountain, et par erreur encore Cordifolia Coriacea, Monticola...

(3. 3. 3. 3.) Blue Dyer. — J'aurais pu et peut-être dû le mettre dans les producteurs, comme teinturier bleu, mais il m'aurait fallu y mettre aussi : Ferrand's Michigan Seedling, Franklin, Oporto, Pédroni, Faux Salem, Schuylkill, Silvestre Warre, Welb's large black... qui donnent tous des vins fort colorés — et fort mauvais — mais qui malheureusement, ou heureusement, en donnent si peu qu'il vaut mieux n'en pas parler et n'en pas tenir compte. Blue Dyer, Ferrand's Michigan, Franklin ou Franklin Vialla, se rapprochent tellement du Vialla qu'on peut les confondre et qu'on les a parfois confondus.

Pédroni, qui ne méritait pas l'honneur qu'on lui a fait en l'appelant Gaston Bazille, est un petit Vialla à petite végétation, mais que sa résistance et ses faibles dimensions pourraient rendre utilisable dans le cas où l'on tiendrait à planter très serré.

Faux Salem noir, Schuylkill (appelé parfois mal à propos Planchon) Silvestre Warre, Welb's large black sont des hybrides de Labrusca dont les derniers surtout ont une énorme vigueur et un très gros bois recevant bien la greffe.

(4) Candicans (Vitis) vigne blanchissante, Mustang. Raisin de cheval, renferme quelques variétés ou sous variétés, les unes à feuilles entières et voûtées, les autres à feuilles plates étalées comme des pelles au bout d'un long pétiole droit, tantôt rondes, tantôt échancrées de trois, cinq, sept, neuf sinus plus ou moins profonds et gracieusement arrondis, presque sans dentelures. Les tiges et le dessous des feuilles sont recouverts de petits flocons de duvet blanc soyeux et non adhérent. Le feuillage grimpant, gaufré, brillant, étincelant au soleil, est un des plus ornementaux que je connaisse. Il y a, dit-on, des Mustang qui ont des raisins blancs, roses, noirs. Je n'en ai pas encore vus sur mes souches, bien vigoureuses cependant et s'étalant à plusieurs mètres de haut contre une terrasse.

Résistance absolue au phylloxéra ; rétivité grande au bouturage. Voir Champin.

(5) C'est dans un envoi de Rupestris sauvages, reçu en 1878-79 du fond des Montagnes Rocheuses, que j'ai découvert cette série d'hybrides nouveaux, auxquels le savant M. Planchon, après être venu les étudier chez moi, a bien voulu donner mon nom. Je ne les ai d'abord considérés que comme des plants de collection, à étudier à cause de leur évidente parenté avec le Rupestris, d'un côté, et, de l'autre, avec les Candicans, Cordifolia, Riparia, etc.

Mais depuis que j'ai appris de diverses régions, entr'autres de Montpellier, et que j'ai pu constater chez moi leur résistance et leur adaptation dans quelques sols calcaires, dans des marnes blanches et argileuses où toutes les autres variétés succombaient sous les atteintes de la chlorose, j'ai commencé à croire qu'ils méritaient un peu d'attention et qu'ils pourraient rendre quelques services, non comme producteurs directs, malgré leur fertilité relative et leur absence de mauvais goût, mais comme portegreffes pouvant seuls prospérer dans certains sols.

Les nos 1 à 5 sont des hybrides bien caractérisés de Candicans et de Rupestris : le no 1 se rapprochant beaucoup du Mustang à feuilles lobées et le no 5, du Rupestris. — No 2, moins lobé que le no 1.

No 3, feuille arrondie, sans lobe ni sinus, de moyenne grandeur, plus large que longue, plate, épaisse, parcheminée, gaufrée, brillante et luisante comme si elle était vernie ; indemne de toute maladie aérienne ; type de robusticité.

No 4, feuillage plus petit, très serré sur mérithalles très courts, touffus un peu buissonneux ; pouvant, au besoin, se tailler en boule.

Ce sont ces 5 hybrides de Mustang qui résistent dans les argiles et les calcaires blancs.

No 6. Hybride de Rupestris et d'inconnu ? Tomenteux, vigoureux ; feuillage mat, très foncé.

No 7. Rupestris et Cordifolia.

No 10. Rupestris et Riparia.

Ces deux hybrides ont des feuilles beaucoup plus grandes que les autres ; étalées, allongées, pointues dans le premier, et, dans le second, plus grandes encore, plus larges que longues, en gouttières avec des dentelures très accentuées et des nervures rougeâtres, cannelées, brillantes, avec des bois très longs et très gros, très vigoureux. C'est un magnifique Rupestris-Taylor.

Ces trois dernières variétés n'ont pas encore fait leurs preuves dans les calcaires meurtriers, mais elles sont bien vigoureuses, chez moi, dans des argiles compactes et dans des terrains secs et caillouteux.

Les nos 1, 2, 3, sont très ornementaux.

Les Champin se multiplient de bouture à peu près aussi facilement que les Rupestris ; ce sont tous d'excellents portegreffes.

Les Nos vides sont réservés pour les variétés à l'étude.

PORTEGREFFES
Infertiles (Suite)

164 CORDIFOLIA. Riparia. Hybr.
165 »   Rupestris. Hybr.
166 FERRAND'S MICHIGAN. Hybr. [3]
167 FRANKLIN. Hybr. Rip. [3]
168 GASTON BAZILLE. Pedroni. Hybr. [3]
169 LINCECUMII (Vitis), Post Oack [1]
170 OPORTO Hybr. Rip. [10]
171 RIPARIA (Vitis), Large feuille [11]
172 »   baron Perrier [12]
173 »   bois chamois [13]
174 »   Canadensis [14]
175 »   Fabre [15]
176 »   Fabry [16]
177 »   géant tomenteux [17]
178 »   Glabre rouge fertile [12]
179 »   Gloire de Montpellier [18]
180 »   Guiraud [16]
181 »   Levigata Sericea [13]
182 »   Martin des Pallières [15]

(6) Cinérea (Vit). Ainsi nommé du rétoicemdré de ses botrropenes, de la page inférieure de ses feuilles et de son bois, bien reconnaissable à sa forme polygonale marquée par des aretes saillantes. C'est le portegreffe des sols humides et maréoageux. Ses feuilles, petites à Montpellier, énormes chez moi (jusqu'à 30 centimètres de diamètre dans un bas-fond), sont gaufrées, boursouflées, luisantes en dessus et excessivement ornementales.

(7) Cinérea Canescens, variété à feuilles (quinque-lobées, plus petites et plus serrées, plus ornementalos encore.

(8) Cinérea fertile, variété à vrilles (quinque-lant comme des vrilles; fleurs microscopiques, graios noirs, les plus petits que je connaisse ren-fermant des pepins aussi gros qu'eux.

(9) Le nom de Cordifolia a été, pendant longtemps et est encore donné par quelques rétardataires. — aux Riparias et à leurs nombreux dérivés. C'est vers 1877-78 que... les viticulteurs français se sont aperçus que la de Fouille en coeur ne convenait intimement à une espèce dont les feuilles, plus larges en bas qu'en haut, ressemblent plus à un tablier de sapeur qu'à un coeur. J'avais remarqué aussi que, parmi les innombrables soi-disant Cor-difolias qui commençaient à nous arriver du fond des forêts vierges du Missouri, les uns étaient très faciles et les autres très difficiles à faire reprendre de bouture. Ces derniers étaient sous les vrais Cor-difolias, faciles à reconnaître à leur feuille vrai-ment en forme de coeur avec au des côtés souvent plus grand que l'autre, ressemblant assez à une feuille de mûrier plus longue et plus pointue, avec une feuille souvent moins tellement longue et tellement pointue, surtout dans les jeunes, que je leur avais donné le nom d'Acutifolia (Crusifolia) et, comme caractère bien opposé à celles du Riparia qui restent longtemps repliées en gouttières, s'ouvrant et s'éta-lant toutes petites dès leur sortie du bourgeon.

L'espèce du Cordifolia fut dès lors classée à part et bien séparée du Riparia. Elle s'est peu répandue à cause de sa difficulté de bouturage, malgré sa vigueur égale ou supérieure à celle du Riparia, malgré sa résistance plus grande au phylloxéra et à la sécheresse. On n'a guère baptisé d'un nom spé-cial ses nombreuses variétés au sous-variétés; je ne l'ai pas utilisé pour l'hybridation artificielle ...

(10) Oporto. Plus grand, plus fort que le Vialla auquel il ressemble et qu'il égale comme portegreffe. Ses raisins se développent avec une toile rapidité que, dès le commencement de l'été, leurs grains sont plus gros que les plus gros français; mais c'est fini là. A été affublé, bien à tort, du nom d'une de nos meilleures variétés européennes, plus connu actuellement sous celui de Portugais bien.

(11) Riparia. J'ai expliqué (note 9) la séparation récemment des Cordifolias et des Riparias. Pendant que les seconds ont rempli le monde, soit par eux-mêmes, soit sous le nom de sauvages, soit par l'innombrable fa-mille de leurs hybrides ou de leurs dérivés. C'est encore, actuellement, l'espèce la plus nombreuse et la plus répandue. Elle a été et elle est encore con-sidérée, par beaucoup de viticulteurs, comme le meilleur des portegreffes. Elle a donné lieu à quel-ques déboires et à quelques insuccès dont on a fait grand bruit; ils étaient cependant inévitables et faciles à expliquer: d'abord, parce que, parmi les millions de sujets corpés au hasard à l'autre bout du monde, il s'en trouvait forcément un certain nombre provenant de sous-variétés ou de person-nalités plus faibles, moins résistantes, moins aptes à s'acclimater chez nous; et ensuite, parce qu'on plantait des Riparias partout, même dans les sols où peu de vignes peuvent vivre et pour lesquels il avait une antipathie spéciale, comme la chlorose, blancs qui sont mortels pour lui, par la chlorose.

A part ces cas exceptionnels, les Riparias bien sélectionnés et bien acclimatés en France ont fourni et fourniront encore d'excellents portegreffes.

Quelques amateurs ou classificateurs ont essayé, en s'appuyant sur des nuances parfois microscopiques et même fugitives, de cataloguer et baptiser les va-riétés, sous-variétés ou personnalités sauvages innées aussi nombreuses que les souches sauvages elles-mêmes. L'un d'entre eux a vu le cas où glabre jusqu'à 1900, qu'il m'en ont été offertes fort graciéegament et que, plus graciéesment encore, je me suis permis de refuser.

Je me contente de divisions plus simples et plus pratiques :

Les vigoureux qui ont de larges feuilles, et les chétifs qui en ont de petites, et qui ... été ou on dit être successivement éliminés.

Les glabres, qui ont le bois lisse et brillant, et les tomenteux... qui sont recouverts d'un duvet fin, serré, court, cendré pour l'œil et doux au toucher.

Il y a aussi les mâles ou infertiles, cent fois plus nombreux que les femelles ou fertiles, les seules qui donnent, en leur laissant beaucoup de bois, quelques grains noirs rares et minimes.

Je n'ai jamais remarqué que ni le sexe, ni la cou-leur du bois, qui peut varier du gris clair au brun foncé, aient aucune influence sur les degrés de résis-tance et de vigueur. Je n'ai pu toutefois moins faire que d'indiquer une quinzaine de variétés ou sous-variétés qui ont l'avantage d'avoir un nom et de mé-rite d'être bien sélectionnées. — Il y en a au moins 60 à l'École de Montpellier.

Le R. large feuille est le nom générique de toutes les variétés vigoureuses, dont la plupart se trouvent représentées dans une plantation bien sélectionnée.

(12, 12) Le Baron Perrier provient d'une souche plantée depuis plus de 40 ans dans la Savoie et dont les descendants se pourraient compter par cen-taines de mille. J'ai retrouvé sa similaire dans des plants reçus directement de l'Amérique : ce sont les Riparias glabre rouge fertile.

(13, 13, 13) Noms indiquant un caractère spécial.

(14, 14) Remarquablement vigoureux et pouvant supporter, dit-on, des froids de — 40°.

(15, 15) Tous les Riparias glabres sont des Rip. Fabre et réciproquement. Le Rip. Martin des Pal-lières est un Rip. glabre rouge.

(16, 16, 16) Il y a encore : Michanet, Portalis, Reich, et une foule d'autres noms propres désignant des sous-variétés.

(17, 17, 17). Les Tomenteux ont chez moi, soit dans les argiles, soit dans les sables, des bois plus gros que les glabres.

(18) Le Riparia Gloire de Montpellier se prétend le plus beau et le plus vigoureux des Riparias. Je com-mence à le croire.

(19) Le Riparia Scrperten (ainsi nommé par quel-que confusion de Jardin d'Acclimatation) est d'une grande vigueur et d'un beau feuillage brillant. Il devrait être classé dans les rares et précieux hybrides de Riparia et de Cordifolia avec lequel il a plusieurs points de ressemblance.

Tous les Riparias reprennent facilement de bou-ture.

PORTEGREFFES (suite)

infertiles (suite) [13]

183 RIPARIA à pétiole pubescent [13]
184 » SCUPERNON. Hybr. Cord. [19]
185 » Tomenteux [17]
186 » gris velouté fertile [17]
187 » Woyvote, territoire indien [18]
188 RUPESTRIS (Vitis) [20]
189 » Fertile
190 » large feuille.
191 SALEM noir [3]. L. Guiraud.
192 SCHUYLKILL. Hybr. Labr. [3]
193 SOLONIS. Riparia [21]
194 » Lobé [22]
195 » Nos 4 et 7
196 SILVESTRE WARRE. Hybr. Labr.
197 TAYLOR. Rip. Hybr. [23]
198 » à bois rouge
199 VIALLA. Hybr. Rip. [24]
200 WELB'S large black. Hybr. Labr. [3]

(20) Rupestris. Commence à prendre de plus en plus, dans les vignobles secs, la place du Riparia sur lequel il a de nombreuses supériorités, dont d'autres le remplacent cependant rapidement: son tronc dans le sol, se dont on ne se douterait guère en voyant ses petites branches grêles et souvent buissonneuses.

Il a Rupestris a un aspect très différent de celui des autres vignes; ses feuilles sont arrondies, sans lobes ni sinus, fortement dentelées et cannelées, plus larges que longues, repliées en gouttière, à l'absence complète de toute espèce de poil ou de duvet en dessous sur certaines souches, beaucoup plus grandissur d'autres avec une teinte brillante d'un vert presque doré, sur d'autres avec une teinte brillante d'un vert fonce et des reflets rougeâtres. Quelques viticulteurs prétendraient par les diverses dimensions des feuilles correspondent à des différences de vigueur dans les pieds. C'est bien possible; seulement les plus petites tiennent que les plus vigoureux et les plus petites feuilles, d'autres préfèrent de beaucoup ceux à grandes feuilles. Heureusement, il y en a pour tous les goûts.

On en trouve, dans les Rupestris sauvages, beaucoup de nuances dont les susdits amateurs de classification pourraient faire des variétés. Dans mes « sol secs, caillouteux, sablonneux, tous ces Rupestris mélangés sont d'une égale vigueur et d'une incontestable résistance.

Je n'ai sélectionné et ne sélectionne encore que les sujets qui ont les signes évidents d'hybridation avec quelqu'autre espèce ; j'en ai déjà trouvé et classé quelques-uns qui portent mon nom.

La seule grande division est celle des pieds stériles et des pieds fertiles. Les premiers ont une abondance de floraison incroyable et celle des variétés. Dans mes « sol c'est inutile, car ces fleurs, incomplètes et n'ayant de bien formées que leurs 5 étamines, disparaissent aussitôt après leur floraison pléthorique, sans laisser de trace même sur les bois qui ont porté leurs grappes innombrables.

Les pieds fertiles ont un moins grand nombre de grappes, quoiqu'ils atteignent et dépassent facilement la centaine quand on les laisse assez de bois. Ces fleurs sortent des bourgeons avant les feuilles et forment un petit bouquet de fraises rouges. Chacune d'elles devient un petit raisin à petits grains noirs, tantôt serrés en boule, tantôt un peu plus clairs et allongés, donnant un jus un peu épais, très coloré et franc de goût, mais donnant surtout des pépins précieux pour les semis, car ils reproduisent exactement leurs auteurs.

« Il est bien regrettable, ainsi que l'a déclaré depuis longtemps M. Foëx, que les habiles hybridateurs américains, au lieu de s'acharner à choisir pour mettre sur leurs belles et nombreuses créations des raisins à goûts détestables et à résistance douteuse, dont le goût pas donné la préférence au Rupestris, dont le goût n'a rien de désagréable et qui joint la vigueur à la

résistance. Ce travail d'hybridation serait facilité par la longue durée de sa floraison, qui commence une des premières et se prolonge assez longtemps. Quant à la maturité des raisins, elle pourrait donner lieu à une classification chronoméique, car elle commence en juillet et finit en septembre.

En attendant qu'il soit le point d'une nombreuse famille de producteurs directs à gros grains et à gros raisins, qui puissent le remplacer et prospérer comme lui dans les sols secs, arides, graveleux, caillouteux, peu profonds, il restera, pour ces nombreux et difficiles à contenter, le meilleur des portegreffes actuellement connus.

Il prend très bien la greffe; il donne très vite des boutures grosses pour être greffées, et surtout ses petites brindilles, reprennent assez facilement en terre ment de bouture, grossissent assez vite en terre pour pouvoir être greffées au bout d'un an d'ormoidage.

(21) Solonis. C'est un magnifique Riparia, d'un type spécial, dont l'origine reste un mystère et le nom une énigme. Il a dû venir d'Amérique et cependant il été impossible d'en retrouver un seul. Il en existait, il y a plus de cinquante ans, un pied isolé, comme curiosité, dans quelque collection au centre de l'Europe d'où, il y a une dizaine d'années, on l'a tout d'un coup, sons la protection du brème, répandu rapidement dans toutes les régions viticoles. Ses feuilles sont remarquables par la longueur de leurs dentelures, par la convergence des dents très longues et très aigués indiquant l'extrémité de leurs lobes inférieurs et par l'infaction recourbée de la dent, plus longue encore, qui termine leur nervure centrale.

Le Solonis tient une des premières places parmi nos meilleurs portegreffes infertiles, surtout pour les terrains frais, bas et même humides. Reprend bien de boutures, pourvu qu'elles ne soient pas trop grosses.

Les grains de ses rares petits raisins noirs et précoces sont un peu plus gros que ceux du Riparia sauvage, mais aussi inaptes qu'eux à donner du vin. Les graines offrent cette particularité remarquable de reproduire assez exactement les caractères spéciaux de leurs auteurs, ce qui permet de les employer pour la reproduction du type Solonis, avec la chance de trouver dans les semis, quelques sous-variétés nouvelles, comme le

(22) Solonis à feuilles lobées, obtenu par le dernier Despetis, plus vigoureux encore et à plus gros bois que le Solonis ordinaire, plus fécile encore à reprendre de bouture ; ses grandes feuilles, solvent profondément lobées, se marbrent de rouge en automne.

Les nos 4, 7, etc., de même obtenteur, sontremarquablement vigoureux.

(23) Taylor. Pourquoi ce brave Taylor a-t-il été, lui aussi, un sujet de discorde entre les viticulteurs, surtout les théoriciens? Pourquoi tant de batailles livrées sur sa tête verdoyante? Peut-être n'était-il par-dessus son téte verdoyante? Peut-être n'était-il attaqué si violemment par les uns que parce qu'il était protégé par les autres.

Il a réussté tranquillement et victorieusement à ses ennemis scientifiques et à ses ennemis souterrains qui sont cependant bien friands de ses racines, mais dont il répare les dégâts à mesure qu'ils se produisent en remplaçant bien vite le écorce toujours nouvelle et toujours intacte les couches superficielles altérées ou compromises. Il a abandonné les terrains trop secs ou trop calcaires qui ne lui convenaient pas et où d'autres ont échoué comme lui. Mais dans les terres fraîches, même les plus argileuses et les plus compactes, il est devenu de plus en plus vigoureux. Il porte vaillamment, chez moi, depuis dix ans, les greffes de plus de cinquante variétés françaises et il apprend à tous côtés que ceux qui lui sont restés fidèles n'ont eu qu'à se louer de ses services.

Ses petits raisins blancs, puis dorés, puis roses, sont excellents, quand il en a et donneraient un excellent vin. Mais il en a si peu, quoique il ait beaucoup de fleurs, que je n'ai pu le classer parmi les producteurs directs. On dit cependant — mais c'est en Amérique — qu'en le taillant comme un oranger ou comme un saule pleureur, on le rend excessivement fertile.

Le Taylor a, lui aussi, donné naissance à une nombreuse famille, soit de semis : Taylor à bois rouge, Taylor fertile de l'école de Montpellier, Black Taylor, Taylor improved... soit par hybridation : Amber, Elvira, Grein's Golden, Missouri Riesling, Montefiore, Noah, Pearl, Uhland... dont quelques-uns ont pris ou prendront de bonnes places parmi les producteurs directs pouvant aussi servir de porte-greffes.

(24) Vialla. De celui-là on ne discute que la paternité, mais pas les qualités. Je ne garderais bien de prendre parti dans la première querelle, qui me semble tranchée de main de maître par M. Pul-liat, et je me hâte de constater que le Vialla a pris la première place dans l'est de la France, non seulement, à cause de sa vigueur et de son adaptation aux divers sols de cette région, mais surtout à cause de son aptitude spéciale à recevoir et à réussir la greffe bouture.

On donne aussi au Franklin vrai le nom de Franklin-Vialla et de fait, la différence entre le Franklin et le Vialla est bien minime puisqu'elle nécessite guère que dans une nuance un peu moins foncée du bois.

Le Blue-Dyer, le Perrnal's Michigan, l'Oporto, et surtout le Black Pearl peuvent prendre place à côté du Vialla qui, clôt brillamment la liste des portegreffes de premier ordre.

VARIÉTÉS DIVERSES D'ÉTUDE ET DE COLLECTION

201 ADVANCE. Rickett's. Hybr. noir.
202 Æst. BERCKMANN,
203 id. JAEGER,
204 id. DE VIVIE.
205 ANTOINETTE. Labr. blanc.
206 ARNOLD's no 27, noir, beau, bon.
207 ARROT. Labr. blanc, faux Monticola.
208 AUGUSTE GIANT. Hybr. noir.
209 AZÉMAR. Riparia-Æstivalis.
210 BALDWIN LENOIR. Æst.
211 BELVIDÈRE. Hybr.
212 BLACK-FERNAUD. Hybr.
213 BLACK-HAWK. Labr. Voir no 27.
214 BOURBOULING blanc.
215 CAMPBELL's no 6.
216 CASSADY. Labr. blanc.
217 CHAMPFLEURI. Hybr.
218 CHARTER OACK. Labr.
219 CHIPEWA. Hybr.
220 CHRISTINE? Telegraph?
221 CUYAOGA. Labr.
222 CYNTHIANA à gros grains.
223 DAMPIERRE. Hybr. Æst.
224 DELAWARE blanc.
225 DON JUAN. Rickett's. Hybr. rosc.
226 DUMAS NOIR. Hybr. Laliman.
227 EARLY DOWN. Hybr. vinif. Labr.
228 ECHLONI de Vivie.
229 ELISABETH. Labr. blanc.
230 ELVIRA no 4. Lespinult.
231 ELVIRA no 100. Jaeger.
232 EVA. Labr. blanc. Voir no 27.

233 GAME. Labr.
234 GÉNÉRAL POPE. Labr. Hybr.
235 GOLDEN ou KING-CLINTON. Hybr.
236 GRASSET. Cordif. Rupestris.
237 GREIN's. No 3. Hybr. Voir no 85.
238 GREIN's. No 4. Hybr. id.
239 HAGER blanc.
240 HERBEMONT blanc.
241 HERBEMONT HECKEL.
242 HERBEMONT TOUZAND.
243 HETGELL. Hybr.
244 HUEVO DI GATO.
245 HYBRIDE DE VIVIE, Labr.
246 IMPERIAL. Rickett's.
247 ISABELLE blanche. Labr.
248 ISABELLE jaune. Labr.
249 ITHACA. Hybr. blanc.
250 JAEGER. No 100.
251 LABAUME. Æst.
252 LENOIR à gros grains. Æst.
253 LENOIR rouge. Æst.
254 LESUEUR. Hybr.
255 LICHTENSTEIN blanc. Voir no 60.
256 LOGAN. Labr. noir.
257 LONG. Laliman.
258 MARÈS. Noir. Voir no 60.
259 MILES. Labr. noir.
260 MONTGOMÉRY. Hybr. vinif...
261 MONTICOLA (Vitis).
262 MUSCADINE, Labr.
263 MUSCANE. Labr.
264 MUSTANG-RIPARIA. Hybr.

265 NEW-HAVEN. Labr. noir.
266 NORTH AMERICA. Labr. noir.
267 NORTH CAROLINA. Labr. noir.
268 NORTHERN PRÉCOCE. Labr. noir.
269 NORWOOD. Labr. noir.
270 PLANCHON blanc. Voir no 60.
271 QUASSAIR, Rickett's.
272 RARITAN. Rickett's.
273 RICKETT'S. No 10.
274 RILEY blanc. Voir no 60.
275 ROGER's no 7. Voir no 10.
276 ROGER's no 8. id.
277 RUBRA-Vis
278 RUPESTRIS à bois rouge. Voir no 188.
279 id. à bouquet id.
280 id. à gros fruit. id.
281 in. Martin. id.
282 SAINT-HENRI, semis de Jack.
283 SAINT-JACQUES id.
284 Semis de Gaston Bazille.
285 — de Solonis.
286 — fertile de Taylor.
287 — d'York-Madeira
288 SÉNÉCA. Labr. noir.
289 SPHYNX? ancien grand noir.
290 TAYLOR IMPROVED.
291 TOCHON, noir. Voir no 60.
292 UNION VILLAGE. Labr. noir.
293 VERGENNES. Labr. blanc.
294 WHITE FOX. Labr.
295 WILDING, Hybr. Rip. blanc.
296 WINTER GRAPE, WHITE CAPE?

VARIÉTÉS DIVERSES

La catégorie ci-contre pourrait être comparée à bien des assemblages auxquels elle ressemble plus ou moins; un purgatoire dont chacun demande à sortir pour prendre place parmi les élus; une salle d'attente où tous les voyageurs sont entassés sans qu'on puisse deviner où ils vont; un surnuméraire... une école préparatoire où les candidats piochent et subissent leurs examens pour entrer dans les diverses carrières... des producteurs directs, des portegreffes, on dés... fruits secs; une antichambre où les uns ne font qu'une courte station et les autres d'interminables pied de grue; un pot aux roses renfermant de mystérieuses et précieuses surprises; une boîte de Pandore, avec l'espérance toujours renaissante d'y découvrir quelque trésor de résistance, de fertilité et autres perfections; un méli-mélo d'inconnus, de peu connus, de bons et de mauvais, de détestables et peut-être d'excellents... et si quelque viticulteur veut l'appeler bouteille à encre et gâchis, je me garderai bien de le contredire.

J'y mets, comme jo mets dans ma pépinière d'études, tout ce qui m'arrive d'Amérique ou d'ailleurs, sous le nom de plant américain. Le plus grand nombre sont des nouveaux venus auxquels il faut donner le temps de faire leurs preuves; d'autres, un peu plus âgés ne se sont pas pressés de les faire ou n'en ont fait que de fâcheuses pour eux. Il en est qui que je connaisse assez complètement pour les décrire ou les recommander et je me garderais bien de les croire sur parole — do prospectus. A les croire, ces prospectus, chaque nouvelle variété est plus belle que toutes les autres. Exemple: ithaen — rust que, sain, vigoureux, plus précoce que le Delaware, plus gros pour la grappe et le grain que le Walter — présenté déjà par son obtenteur comme le comble de la perfection — parfum de rose! Bouquet de Chasselas musqué!! Faudrait voir! comme disent les vigneurs, disciples avisés de St Thomas.

Quand j'aurai vu; je rendrai à chacun la justice qui lui sera due en lui consacrant une ligne d'hiéroglyphes et une note justificative, je m'empresse de déclarer que j'espère voir quelques-unes des variétés reléguées provisoirement dans cette Société fort mélangée, en sortir bientôt pour prendre de bonnes, peut-être d'excellentes places parmi les variétés privilégiées, comme leurs anciens compagnons Arnold's, Black Défiance, Huntington, Pizarro, Secreary, Waverley, Beauty of Minnesota, Duchess, Noah, Triumph, etc., pendant que d'autres viendront les remplacer dans ce pandemonium d'ot plusieurs, je le crains, ne sortiront jamais, quoi qu'elles en aient vu sortir plus d'une que j'aurais peut-être aussi bien fait d'y laisser et qui risquent fort d'y revenir in eternum.

VIGNES FRANCO-AMÉRICAINES

Greffages, Résistance, Adaptations, Affinités

Ce n'est point pour elles-mêmes et pour leurs beaux yeux, je veux dire leurs raisins, que les vignes américaines ont commencé, il y a peu d'années, à être demandées en immenses quantités aux forêts du Missouri et des autres Etats de l'Amérique du Nord. Les premiers échantillons de producteurs directs qu'on avait essayés antérieurement n'avaient pas donné une haute idée des richesses viticoles des Etats-Unis. L'Isabelle avait formé l'avant-garde, parce qu'il était à l'abri de l'oïdium, la seule maladie connue en ces temps fortunés. Ce fut un premier déboire, car si les feuilles et les raisins résistaient aux maladies cryptogamiques, les palais des buveurs européens résistaient aux raisins et aux vins de ce magnifique et détestable Labrusca.

L'oïdium ayant été rapidement vaincu par le soufre, on laissa les Labruscas aux Américains ; et les vignes du Nouveau Monde ne nous arrivèrent plus que comme plantes de curiosité, de collection ou d'ornement. Pour rappeler sur elles l'attention des viticulteurs, il fallut les deux découvertes presque simultanées de M. Planchon en 1869 : d'abord que le nouveau fléau qui attaquait et détruisait nos vignes était un insecte microscopique et presque invisible, le phylloxéra, et ensuite que cet insecte existait de temps immémorial dans les vignobles les plus florissants de l'Amérique du Nord. De ce second fait, une conclusion immédiate et presque mathématique sautait aux yeux : c'est qu'il existait certaines espèces de vignes qui pouvaient vivre avec le phylloxéra, pendant que d'autres espèces périssaient infailliblement sous ses atteintes. Cela expliquait ce fait inexplicable de l'impossibilité d'acclimater aucune de nos vignes du Vieux Monde dans certaines régions de l'Amérique du Nord qui semblaient réunir, comme sol et comme climat, les chances les plus favorables à cette acclimatation. Toutes nos vieilles vignes cultivées appartiennent à une seule espèce, le Vitis vinifera, et aucun membre de cet innombrable et merveilleuse famille ne peut, dans aucun pays, résister à son nouvel ennemi. Il fallait, sous peine de mort pour la viticulture du Vieux Monde, les remplacer n'importe comment et le plus tôt possible, par des espèces résistant au phylloxéra ; ces espèces existaient, on partit à leur découverte, et ce fut encore M. Planchon qui fut envoyé par la Société d'agriculture de l'Hérault, pour étudier sur place les variétés résistantes qui pourraient nous aider à remplacer nos pauvres vignes.

Entre temps, le gouvernement, toujours et sous tous les régimes aussi plein de bonne volonté que d'incapacité en pareille matière, avait fait acheter en Amérique des vignes qu'il avait trouvé le moyen de payer dix et vingt fois plus qu'elles ne coûtaient aux autres ; et ses agents, dont pas un, comme toujours, n'était viticulteur, n'avaient rien trouvé de mieux à nous envoyer que des Clinton et des Concord qu'on nous présentait comme le nec plus ultra des producteurs directs américains : les Cabernets et les Pineaux de l'avenir. La déception fut complète et cruelle, et on put croire qu'il fallait renoncer à trouver ailleurs que dans le Vieux Monde des raisins bons à manger et... à boire.

Un autre horizon plus vaste, plus consolant et plus urgent s'ouvrait aussitôt devant les viticulteurs, c'était de conserver et de reconstituer nos merveilleuses et innombrables richesses viticoles en se bornant à remplacer leurs racines impuissantes à se défendre par des racines ayant donné de longues preuves de résistance au phylloxéra. Tous les vrais vignerons savaient combien la greffe de la vigne est facile, et tous l'avaient pratiquée plus ou moins pour changer des souches infertiles, coulardes ou mauvaises, en souches bonnes et productives. Les sujets à greffer ne manquaient pas et l'on put savoir bien vite que les forêts vierges de Riparias sauvages, qui s'étendent du Canada au golfe du Mexique, pouvaient fournir cent fois, mille fois plus de portegreffes qu'il n'y avait ou n'y aurait de vignes plantées ou à planter dans tous les vieux continents.

De l'idée à l'exécution, il n'y eut pas loin, et c'est par centaines et centaines de mille que les Riparias sauvages se mirent à nous arriver chaque année, du fond des Etats-Unis, accompagnés d'autres excellents portegreffes : Taylor, Clinton, York-Madeira, Rupestris... qui s'acclimatèrent et se multiplièrent chez nous avec une rapidité et une abondance prodigieuses, en compagnie d'autres variétés américaines, inconnues ou peu connues en Amérique, créées en France ou trouvées en Europe : Vialla, Solonis et de tant d'autres dont j'ai donné l'énumération.

La greffe, cette opération si simple, si facile, si pratique, si ancienne et si répandue, puisqu'elle s'applique à tous les végétaux cultivés ne pouvait manquer, du moment qu'elle entrait en grand dans la viticulture, de donner lieu aux objections les plus étranges et aux inventions les plus saugrenues.

J'en ai passé, jadis, quelques-unes en revue, mais la liste s'est allongée et formerait aujourd'hui une bien jolie collection : à commencer par la transmission du goût foxé des raisins américains aux raisins français à travers un portegreffe, souvent infertile, ou par la transmission de la non résistance des branches françaises — qui n'ont pas de phylloxéras — aux racines des portegreffes américains, jusqu'à la dessoudure des vieilles greffes qui se décollent au bout de quelques années, par une sorte de divorce, assez fréquent dans l'espèce humaine, mais complètement inconnu dans les espèces végétales; puis, dans un autre genre, les greffes sur Coignassier, sur Groseiller, sur Saule, sur Chêne, sur Myrtille, et enfin, comme bouquet après lequel il faut tirer l'échelle, sur Ronce, la plus fameuse de toutes, à cause de la haute position de celui à qui on a fait, pas loin d'ici, gober cette bourde impossible et qui la recommandait aux vignerons ahuris et joviaux, sans s'apercevoir qu'il leur proposait tout simplement d'appliquer à leurs vignes le fameux mariage de la carpe et du lapin.

Mais pendant que les savants et les objectionnistes dissertaient à perte de vue et empêtraient la question de la greffe dans toutes les ronces du chemin, les viticulteurs et les vignerons se mettaient à l'œuvre, ils étudiaient et perfectionnaient les greffages en les pratiquant, et voyaient bientôt leurs efforts couronnés d'un succès bien mérité; ils mangent aujourd'hui et depuis longtemps d'excellents raisins de toutes nos variétés sauvées par les portegreffes américains; ils vendangent d'énormes quantités d'excellents vins aussi bons, et même meilleurs que ceux d'autrefois et ils vendent ces raisins et ces vins à bien des gens qui s'en régalent, sans se douter d'où ils viennent, et tout en continuant à dire et à écrire que la greffe ne réussit pas, que la greffe ne dure pas, qu'il faut renoncer aux plants greffés, etc., Laissons-les dire, et continuons à combler ces ingrats des bienfaisants produits des vignes greffées.

La question des greffages aurait été trop heureuse si elle n'avait eu à vaincre ou plutôt à négliger que les objections et les inventions des théoriciens et des viticulteurs en chambre. Elle a rencontré d'autres obstacles et d'autres problèmes plus sérieux et plus difficiles à surmonter et à résoudre.

Il ne s'agit point des détails d'exécution, des difficultés pratiques d'une opération toutefois assez délicate et exigeant, pour donner un succès complet, un certain nombre de soins attentifs et prolongés. Les praticiens, habitués de longue date aux diverses greffes des arbres et même des vignes, n'ont pas été arrêtés une minute par les combinaisons nouvelles et fort variées qu'on leur demandait d'essayer. Les complications les plus ingénieuses, et parfois les plus difficiles et les plus inutiles, étaient exécutées par eux avec une adresse telle que, si une greffe ne réussissait pas, on pouvait affirmer que c'était sa faute et non celle de l'ouvrier. Comme on se mit bien vite à en faire chaque année, non plus des milliers mais des centaines de mille, puis de nombreux millions, on est arrivé bien vite à savoir quels étaient les systèmes qui réunissaient au plus haut degré ces trois qualités d'une bonne greffe : facilité et rapidité d'exécution, solidité, certitude de reprise. Les premiers maîtres greffeurs ont formé d'habiles ouvriers qui, devenus maîtres à leur tour, en ont formé d'autres en proportion algébrique, de sorte que, grâce surtout aux écoles de greffage qui se sont multipliées à l'exemple et sous l'impulsion de la Société régionale de viticulture du Rhône, les bons greffeurs de vignes commencent à être assez nombreux, sans compter que chaque vigneron un peu avisé a su bien vite en apprendre assez pour faire lui-même avec succès son petit travail personnel.

La question de savoir s'il valait mieux greffer à l'atelier ou en place, sur boutures ou sur racinés, sur jeunes plants ou sur vieilles souches, n'a pas non plus fait perdre grand temps aux viticulteurs. J'ai, le premier, recommandé et vulgarisé la greffe à l'atelier sur racinés et surtout sur boutures, et j'ai recueilli alors d'assez aimables plaisanteries sur la greffe-Champin en chambre, la greffe-Champin au coin du feu, bonne seulement pour les frileux, les paresseux, les sybarites et les aristocrates. Elle a fait son chemin quand même, et, aujourd'hui, les neuf dixièmes, au moins, des greffes se font sur la table et à l'atelier, en chambre et même au coin du feu. Cela n'empêche pas les viticulteurs, et moi tout le premier, de faire, chaque année, de nombreuses greffes sur jeunes plants racinés en pépinière, sur vieilles souches américaines dont on veut remplacer les variétés mal choisies, peu fertiles, trop tardives ou trop répandues, par des variétés meilleures ou plus nouvelles et plus rares, et même — pas moi qui n'en ai plus depuis longtemps — sur souches françaises plus ou moins grosses dont on veut utiliser le reste de vigueur à produire rapidement, abondamment et économiquement, des boutures chères et précieuses.

Ce ne sont donc, je le répète, ni les objections préalables et négligeables de quelques opposants peu sérieux, ni les présentations de greffages extravagants, ni les difficultés pratiques d'exécution et d'application, tranchées à mesure qu'elles se présentaient, qui ont pu embarrasser les greffeurs de vignes.

Les seuls obstacles sérieux, les seuls problèmes aussi nombreux que difficiles à résoudre, rencontrés par le greffage, peuvent tous se réunir et se résumer en un seul mot : l'Adaptation.

Il y a longtemps que les viticulteurs ont reconnu à cette question de l'adaptation une importance supérieure à celle de l'acclimatation, ce qui a été résumé dans cet axiome en trois mots : Adaptation prime Résistance.

RÉSISTANCE

La résistance au phylloxéra est, en elle-même, assez facile à constater. D'abord, quand nous recevons d'Amérique des variétés prospérant depuis de longues années dans des milieux phylloxérés, nous sommes bien sûrs que leurs racines sont résistantes.

Quand nous n'avons pas cette certitude d'outre-mer, nous n'avons qu'à faire, comme nous l'avons tous fait, l'essai des variétés nouvelles dans de véritables phylloxérières où les racines sont bientôt couvertes des terribles pucerons. Si ces racines n'éprouvent que des lésions superficielles peu profondes ne traversant pas le tissu cortical, si surtout ces altérations de la surface sont immédiatement remplacées par les couches toujours renaissantes d'une écorce toujours nouvelle, toujours jeune, toujours saine ; si, outre cela, la vigne continue à croître en vigueur et en fertilité, nous pouvons, dans un laps de temps relativement court, puisqu'il n'a jamais besoin de dépasser quatre ou cinq ans au plus, être parfaitement rassurés sur la résistance de ces racines.

En ai-je arraché et étudié de ces racines, parfois tellement surchargées de petits insectes, que, au soleil, elles prenaient en quelques endroits des reflets jaunâtres presque dorés ! Sur quelques unes, ces milliers de petites bêtes semblaient ne s'être réunies que pour se promener sans songer à mal et sans avoir encore eu le temps de laisser des traces de leur gloutonnerie. Mais sur les racines où elles avaient séjourné un peu longtemps, c'était une autre affaire. J'ai trouvé bien souvent des racines, par exemple de Taylor ou de Canada, longues de près ou plus d'un mètre, grosses comme des fils de fer numéro 12 à 18 et dont toute la surface, noire et boursouflée d'un bout à l'autre, démontrait qu'elle avait été dévorée par l'ennemi. Il n'y a qu'à faire passer une de ces racines entre l'index et le pouce un peu serrés ; toute cette pellicule noire et peu adhérente reste entre les doigts, et, sous elle, on retrouve une écorce nouvelle aussi dure, aussi saine et aussi intacte que sur une jeune racine de chêne ou de mûrier. D'autres fois, c'étaient des racines d'Herbemont, de Cynthiana, de Cunningham... ayant plusieurs années, plusieurs mètres de long, des diamètres de 4, 6, 8 millimètres. Leur tissu cortical, durci et lignifié, n'abritait plus de phylloxéras, qui, trouvant sans doute cette nourriture trop coriace, étaient allés au loin chercher des racines plus jeunes et plus tendres ; mais, outre les contorsions imposées par les obstacles du sol, elles étaient couvertes de bosses et de trous, de montagnes et de vallées comme une carte en relief de la Drôme ou des Hautes-Alpes, et ces bouleversements indiquaient un ancien et long travail de nombreuses colonies d'insectes. Il faut encore prendre une de ces racines et fendre l'écorce d'un bout à l'autre avec une pointe de canif ; on la détache ensuite de la racine comme on ferait d'une écorce de saule ou de mûrier, et l'on constate avec étonnement, mais avec satisfaction, que la surface intérieure ne porte pas la moindre trace des lésions qui ont tourmenté et bouleversé la surface externe du tissu cortical. Je me rappelle toujours l'impression profonde produite, il y a bien longtemps déjà, par cette démonstration si simple, sur le regretté M. Barral, du *Journal de l'Agriculture*, et son jeune secrétaire d'alors, devenu son successeur et son continuateur zélé dans la défense de la viticulture.

La résistance au phylloxéra est, comme on le voit, facile à établir, soit par des constatations préalables, soit par des expériences faciles et pas trop longues ; et il ne faut pas oublier que cette résistance des racines consiste, non pas dans leur indemnité ou leur *inattaquabilité* par l'insecte, qui n'est jamais complète et absolue, mais dans la propriété de leur tissu cortical de ne pas pourrir sous le venin des piqûres ou morsures de leur suceur, et de réparer, au fur et à mesure qu'elles se produisent, les lésions toujours décroissantes et les déperditions fort minimes qui en résultent.

Quand ces altérations et ces lésions pourrissent ou traversent le tissu cortical, cela peut faire craindre que la variété expérimentée ne soit pas résistante en elle-même ; mais s'il s'agit de variétés ayant établi leur résistance dans les terrains qui leur conviennent, cela prouve clairement que c'est la faute du sol et non celle des racines de la vigne. Et nous entrons ainsi dans le domaine, hérissé de difficultés et plein d'obscurités, de l'adaptation et des affinités.

AFFINITÉ

Ce qu'il y a de pire, c'est que ce terme déjà compliqué d'adaptation est employé dans trois sens différents et doit être étudié sous trois points de vue complètement distincts : adaptation au sol ou adaptation souterraine ; adaptation au climat ou adaptation aérienne ou mieux acclimatation ; adaptation de chaque variété greffée à chaque variété de portegreffe qu'on pourrait appeler plus justement : affinité de greffage. — Ce qui, après m'avoir fait dire autrefois que j'étais un bi-adaptateur, risque de me faire traiter de tri-adaptateur.

Pour donner une idée de ce que pourrait être cette dernière question des affinités, supposons qu'on voulût l'étudier à fond, seulement chez deux ou trois cents variétés de l'Ancien Monde pour quarante ou cinquante portegreffes résistants : nous nous trouverions en présence de huit à quinze mille expériences qui devraient être faites chacune sur un certain nombre de sujets, et donner lieu à autant de chapitres ou tout au moins à un nombre incalculable d'immenses tableaux comparatifs. Il y a du pain sur la planche pour ceux qui voudront se livrer à cette recherche approfondie, dont heureusement, je me hâte de le dire, nous ne sommes pas obligés d'attendre les intéressants et innombrables résultats pour continuer nos greffages avec une certitude suffisante de succès.

J'ai bien environ cinq cents variétés diverses greffées, non pas chacune, mais entre elles toutes, sur soixante-dix ou quatre-vingts portegreffes différents. Il y aurait là, pour la patience et la sagacité des observateurs curieux, au service desquels je suis toujours disposé à mettre mes collections, beau sujet de recherches et de comparaisons, mais je dois les prévenir de quelques résultats qui risquent de les décourager un peu, tout en paraissant encourageants et rassurants à la masse des greffeurs. D'abord, celles des variétés qui ont été greffées sur le plus grand nombre de portegreffes différents, comme par exemple, le Chasselas doré, le Gamay, le Durif, le Portugais bleu... n'offrent entre elles que des nuances de vigueur et de fertilité bien imperceptibles. Ensuite, les portegreffes qui ont reçu, comme le Taylor, le Vialla, le Riparia, le Solonis... le plus grand nombre de variétés différentes, leur ont donné et leur maintiennent une vigueur et une fertilité entre lesquelles il serait bien difficile d'établir des degrés de comparaison. Et, en outre, ces degrés d'adaptation ne présenteraient qu'une exactitude dont il serait difficile de tirer des conclusions certaines et pratiques, car on pourrait les attribuer aux influences des divers sols de mes plantations autant et peut-être plus qu'aux affinités plus ou moins grandes entre les portegreffes et les variétés greffées.

Si ces affinités mystérieuses et cachées sont difficiles à découvrir et à cataloguer, il en est de purement extérieures qui sautent aux yeux : ce sont les affinités de grosseur et de développement. Aux variétés à gros bois, il faut donner des portegreffes à gros bois ; aux variétés à grande exubérance de végétation aérienne, il faut des portegreffes d'un puissant système radiculaire. Toutefois, les infractions à cette règle si évidente n'ont pas, dans la pratique, les résultats désastreux que leur attribue la théorie. La différence de grosseur, parfois très grande, qui se produit et se développe entre le greffon et le portegreffe, ce renflement supérieur qui fait le désespoir de quelques planteurs, n'empêchent pas la souche greffée de se développer normalement et surtout de fructifier abondamment. Faut-il, pour expliquer cette anomalie, admettre, comme je l'ai supposé depuis longtemps, que, grâce à une circulation plus active ou à quelque disposition spéciale des vaisseaux, ces tiges plus grêles des portegreffes fournissent et laissent passer autant de sève que les tiges beaucoup plus grosses du greffon ? On voit bien, chaque jour, de petits tuyaux, dans lesquels l'eau coule rapide et forcée, alimenter et remplir des conduits beaucoup plus grands qu'eux. Quelle que soit la valeur de mon explication, il n'en reste pas moins certain qu'il faut chercher, par le choix des variétés, à maintenir l'égalité de grosseur entre les deux parties du plant greffé.

Une autre affinité, qui semblerait, en théorie, devoir posséder une importance considérable, est celle de la précocité et de la tardivité de végétation : mais, là encore, la pratique donne de perpétuels démentis à la théorie. Une variété précoce, comme l'Ischia, greffée sur le tardif Cunningham, entrera en végétation, fleurira, mûrira exactement comme la même variété greffée, à côté, sur le précoce Riparia. J'ai un long rang de Sénasqua greffés sur Taylor ; entre un rang d'Othello également sur Taylor et un rang de Taylor francs de pied. Chaque année, on peut voir les Taylor partir des premiers en végétation, puis les Othello, puis enfin les Sénasqua, qui, tout greffés qu'ils sont sur Taylor, ne se décident à débourrer que lorsque les Taylor francs de pied sont déjà couverts de feuilles ; pendant que, tout autour, de nombreuses variétés françaises débourrent, fleurissent et mûrissent chacune à son jour et à son heure sans s'inquiéter non plus de ce que fait le Taylor sur lequel elles sont greffées et prospèrent toutes depuis nombreuses années.

Je me garderais bien de dire qu'il n'y a rien à faire dans cette recherche des diverses affinités de greffage ; car je suis convaincu, au contraire, que l'étude et l'expérience nous fourniront, comme toujours, des renseignements précieux et des indications positives. Mais j'affirme que nous en savons assez pour ne pas retarder d'un jour nos greffages. Et ceux qui, pour se mettre à l'œuvre, attendraient une solution positive de toutes ces questions indécises, feraient exactement comme s'ils attendaient, pour se mettre à manger, qu'on eût découvert la meilleure manière d'apprêter tous les mets de leur premier — mais pas prochain — repas.

C'est à peine si j'ose ajouter, pour finir cette question, un mot que j'aurais peut-être dû mettre en commençant et que j'ai oublié, parce qu'il devrait être inutile. Avant de rechercher les affinités relatives de greffage, il faut d'abord s'être assuré d'une affinité primordiale, la possibilité de greffage. Là où il y a impossibilité absolue, il ne risque pas d'y avoir des degrés quelconque d'affinité.

La vigne ne peut se greffer que sur la vigne ; sur la vraie vigne exclusivement, car son affinité primordiale de greffage ne s'étend pas même à une foule d'autres plantes soi-disant de la même famille que les botanistes ont classées avec elle sous le nom d'Ampélidées, telles que les Cissus, les Ampélopsis (vignes vierges), etc.

Pour ceux qui ont cherché ou qui chercheraient encore à marier par la greffe la vigne avec une autre plante que la vigne, je ne puis que leur répéter que c'est comme s'ils essayaient de marier la carpe et le lapin, le lézard et la belette, le casoar et la girafe, le papillon et la rose...

ACCLIMATATION

L'adaptation aérienne ou acclimatation offre moins de mystères et de difficultés. Les deux principales questions qu'elle doit résoudre sont : l'entrée en végétation ou débourrage — très importante pour les régions et les expositions sujettes aux gelées printanières, — et la maturité, qui est partout la plus importante de toutes. Sur toutes deux, il est facile de se renseigner et de s'instruire, car ce sont des choses bien visibles et bien apparentes. On peut faire et l'on a fait des échelles graduées et comparatives de débourrage, de floraison, de véraison, de maturité, qui, dans quelque région qu'elles aient été établies, n'en gardent pas moins, dans toutes les autres régions, une exactitude relative et comparative. J'ai indiqué, pour les variétés américaines, et j'indiquerai une autre année, pour les variétés de l'ancien monde, une échelle de maturité divisée en cinq époques correspondant à des arbres fruitiers de grande culture. Avec ces diverses indications, on peut très suffisamment se rendre compte des variétés qui peuvent être introduites dans chaque région.

Une indication qui semblerait devoir suffire comme guide, pour ou contre l'acclimatation de chaque variété, est celle de son lieu d'origine ou de son nom plus ou moins significatif. Mais ce renseignement souvent précieux, n'est parfois qu'un indice trompeur. Certaines variétés tardives peuvent être nées dans le nord et même s'être répandues dans des régions où leur maturité est incomplète. D'autres, au contraire, portent des noms très méridionaux qui pourraient faire hésiter à les introduire dans des régions tempérées et même froides, où cependant, malgré leur nom et grâce à leur précocité, elles peuvent rendre de réels services. Pour n'en citer que deux ou trois exemples : l'Ischia, inconnu dans l'île dont — nul ne sait pourquoi — il porte le nom, est le plus précoce des Pineaux originaires de la Bourgogne ; le Blauer Portugieser, Portugais bleu ou Oporto, aussi précoce que l'Ischia, nous arrive, non des bords brûlants du Tage, qu'il n'a peut-être jamais vus, mais des rives un peu froides du Rhin et du Danube ; quelques hybrides Bouschet : Alicante Henry (No 2), Alicante précoce, Ulliade du 1er août... bien que compatriotes et descendants de l'Alicante, de l'Ulliade et autres cépages tardifs, sont, grâce à leur autre aïeul, le Teinturier, contemporains de maturité des Gamays et des Pineaux.

On voit que la fée — non pas maligne, mais *maline* — qui a présidé aux préliminaires ou à la rédaction de quelques actes de baptêmes viticoles, y a laissé la trace de ses capricieuses fantaisies.

ADAPTATION SOUTERRAINE

Reste enfin l'adaptation souterraine, la seule qui présente quelques obstacles d'une certaine gravité et quelques problèmes difficiles à résoudre, précisément parce qu'ils sont cachés au regard et à l'observation directe, et ne se peuvent constater et étudier que dans leurs conséquences souvent éloignées, obscures et indécises. Et ce sont les quelques rares insuccès résultant de l'incertitude ou de l'ignorance dont ces problèmes sont encore entourés, qui ont servi de raison — ou de prétexte — aux dernières et plus furieuses attaques contre les vignes américaines ! !

Il est bien évident que les innombrables vignes qui prospèrent sur les points les plus divers du globe ne peuvent pas prospérer toutes également sur un seul petit coin de sa surface, ce petit coin fût-il grand comme la France. Il est bien évident que certaines espèces qui ont choisi pour leur habitat certains sols indispensables à leur développement, par exemple des sols sablonneux, légers, frais et profonds, ne prospèreront guère et peut-être même ne pourront pas vivre dans un terrain compact, dur, sec et imperméable.

Mais, affirme-t-on, toutes nos vignes d'autrefois réussissaient dans tous nos terrains. Ceci d'abord est complètement inexact. Je me souviens, pour ma part, d'avoir planté, il y a bien longtemps, des Pineaux de Bourgogne dans un sol argilo-calcaire, compact et blanchâtre, où ils ont dépéri et péri longtemps avant l'arrivée du phylloxéra. J'ai entendu citer de nombreux essais d'acclimatation, entr'autres de Mondeuse dans les Bouches-du-Rhône, qui n'avaient pas mieux réussi que les Pineaux chez moi. Mais ces essais étaient rares dans la grande culture, parce qu'on se contentait de planter les cépages connus et acclimatés dans le voisinage. Ceux de variétés étrangères, de table ou même de cuve, tentés par des pépiniéristes, des amateurs ou des collectionneurs n'étaient guère plus nombreux ; et pour les uns comme pour les autres, on n'accusait des insuccès assez nombreux qui pouvaient se produire que le climat et surtout le sol, qui étaient alors et qui restent toujours les seuls coupables, et non les cépages qui n'en pouvaient mais et qu'on ne s'est mis à attaquer que depuis qu'ils viennent d'Amérique.

Que les adaptations et acclimatations d'alors fussent, d'ailleurs, plus faciles que celles d'aujourd'hui, cela est tout naturel. Quand on faisait venir une variété d'un bout de la France viticole à l'autre, c'était à peu près comme si on l'avait transplantée d'un coin à l'autre de son jardin ; lors même que ces vignes allaient du fond d'un ancien continent à l'extrémité opposée d'un autre ancien continent, toutes ces voyageuses n'en étaient pas moins les membres d'une seule et même famille, les Viniféras, dont les différences consistaient beaucoup plus dans les formes et les maturités diverses des raisins et des autres parties aériennes, que dans la contexture et les exigences du système radiculaire. Où la vigne prospérait, toutes ses sœurs arrivant de n'importe où, avaient, *a priori*, toutes les chances de prospérer comme elle, et les cas de non-réussite ne devaient former que des exceptions imputables à une trop grande différence dans le climat ou dans les éléments exceptionnellement défavorables du sol.

Il ne manque pas en France et en Europe, même sous les latitudes les plus favorables à la culture de la vigne, de sols où jamais aucune vigne de l'Ancien Monde n'a pu s'adapter et prospérer. On y faisait des essais ; ces essais étaient infructueux ; on les abandonnait, et tout était dit. Et jamais, que je sache, ces essais et ces insuccès de divers genres, que je viens d'indiquer, n'avaient donné lieu à des rapports tapageurs, à des discours inquiétants, à des polémiques passionnées, à des condamnations en bloc de tous les cépages venant de telle ou telle région.

Aujourd'hui tout est changé. Depuis que l'espèce entière des Vinifera menace d'être détruite par la base, c'est sur des espèces nouvelles et complètement différentes qu'ont dû se porter nos essais d'acclimatation et d'adaptation. L'Amérique nous a offert près de vingt de ces espèces nouvelles, dont la plupart sont complètement différentes de notre vieille et unique espèce du Vieux Monde. Elles en diffèrent non seulement par les fruits et le feuillage, mais, surtout et avant tout, par leur système radiculaire. Il faut bien que ce système radiculaire ait une contexture, une organisation, une composition différentes de celui des Viniféras, puisque ses qualités lui permettent de résister au phylloxéra. Quoi d'étonnant que des racines qui résistent au phylloxéra aient leurs préférences, leurs exigences et même, pour certains sols, leurs répulsions invincibles, inconnues, je veux bien l'accorder, des racines non résistantes !

Nous avons eu le tort, le grand tort, le tort impardonnable — on nous le dit assez — d'introduire, de multiplier, de greffer surtout, quelques-unes de ces espèces nouvelles avant de connaître à fond toutes leurs préférences et toutes leurs répugnances pour tels ou tels sols de notre pays. Et quand, et où, et comment aurions-nous pu acquérir ces connaissances préalables et approfondies, sans lesquelles nous n'aurions pas dû commencer la reconstitution de nos vignobles ? Fallait-il demander aux Américains quels étaient les sols dans lesquels prospéraient ou dépérissaient certaines espèces ou variétés ? Nous l'avons fait, et, au milieu de renseignements contradictoires et erronés, nous en avons reçu parfois de précieux. Pour le Riparia, par exemple, nous avons appris qu'il couvrait de sa végétation luxuriante plusieurs centaines de lieues sous de nombreuses latitudes et dans les sols les plus divers. C'était exact et cependant insuffisant. Fallait-il demander à la chimie l'analyse organique complète de tous les sols d'où nous voulions faire venir ces vignes, puis l'analyse complète organique de tous les sols où nous pourrions les planter, puis la comparaison scientifique de ces divers sols pour arriver à savoir quels étaient les divers éléments que nous devrions ajouter à nos sols ou en retrancher avant de nous risquer à y planter les étrangères avec certitude de succès. Et quelle drôle de certitude ! qui n'aurait pu être complète qu'en y joignant l'analyse de tous les sols américains dans lesquels telle ou telle espèce — encore le Riparia par exemple — ne prospère pas, autant dire n'existe pas. D'ailleurs, la chimie qui sait tout, ne sait certainement pas et n'apprendra jamais, par elle-même, quels sont les éléments, ou les combinaisons d'éléments constitutifs du sol, qui peuvent convenir ou non à telle racine plutôt qu'à telle autre. Et, dans le cas où elle nous aurait, quand même, promis une réponse, elle nous l'aurait fait attendre un bon bout de siècle, assez long à coup sûr pour que les vignes résistantes ne pussent venir à notre secours que comme ces pompiers qui arrivent à l'incendie quand il ne reste plus trace de la maison à sauver.

La science de l'adaptation souterraine et radiculaire n'existait pas même de nom : personne ne pouvait nous l'enseigner. Elle ne pouvait naître que de nos tentatives et de nos quelques insuccès, et elle n'existera que lorsque les résultats multiples de ces tentatives et de ces insuccès l'auront créée pièce à pièce. Pour cela, il faut multiplier les essais des diverses variétés dans les sols les plus divers, et plus spécialement dans ceux pour lesquels, bien qu'ils soient meurtriers pour certaines variétés, on finira par en trouver qui répareront les premiers échecs. Mais surtout, il ne faut pas rester les bras croisés comme ceux qui nous jettent des rapports sur le dos et des discours dans les jambes, et dont tous les conseils peuvent se résumer en un seul : ne pas toucher l'eau tant qu'on ne sait pas nager.

Ce qu'il y a de plus curieux en cette affaire, c'est qu'on a tant fait de bruit, tant grossi les résultats, tant changé des souris en éléphants et des mottes de terre en hautes montagnes, que je me suis laissé entraîner moi-même à la voir plus grosse qu'elle ne l'est et à lui donner plus d'importance qu'elle n'en a.

Voici la vérité sur les bâtons flottants dont on a fait ce feu de paille.

On a constaté, depuis un an ou deux, que, dans quelques sols argilo-calcaires des environs de Montpellier, les Riparia greffés étaient atteints par la chlorose ou côtis (1), et que ces atteintes étaient souvent mortelles. On a constaté également, dans les Charentes et ailleurs, que les diverses variétés américaines essayées dans certains terrains de même nature, n'y réussissaient pas, comme l'ancienne Folle-Blanche, mère du Cognac et du Fine-Champagne, ou comme quelques autres variétés françaises.

C'est un malheur pour les propriétaires de ces sortes de terrains, pour ceux-là surtout qui avaient fait de grandes dépenses pour les planter et auxquels non-seulement on n'a aucun reproche à adresser, mais auxquels on doit plutôt des remercîments, je dirais presque une récompense, pour avoir appris aux autres, par leur tentative et leur insuccès, que certains sols sont meurtriers pour certaines vignes américaines, et qu'il faut attendre, pour planter ces sols ingrats, la découverte certainement prochaine de variétés pouvant y prospérer. Au lieu de jeter l'alarme et le découragement dans les populations viticoles, les viticulteurs se sont immédiatement lancés dans la recherche de ces variétés. Sur l'initiative de la Commission d'études et de vigilance de la Charente avec le concours déjà acquis de la Société d'agriculture de l'Hérault et le concours assuré de beaucoup d'autres, une mission va être confiée à quelques viticulteurs expérimentés, d'aller en Amérique rechercher et étudier sur les lieux et dans les profondeurs du sol les espèces ou variétés spéciales prospérant dans ces éléments meurtriers pour d'autres variétés.

Pendant que nos compatriotes iront au loin ajouter un nouveau chapitre à la science naissante de l'adaptation souterraine, nous ne resterons pas oisifs et peut-être les résultats de nos recherches seront-ils aussi intéressants que ceux des leurs. J'ai, moi aussi, heureusement pourrais-je dire, un de ces terrains ingrats, argilo-calcaire blanchâtre, sec et imperméable, un idéal comme rétivité à la culture de n'importe quelle vigne et même de n'importe quoi. Je ne me suis pas pressé de le planter, d'abord parce qu'il était entre les mains d'un fermier qui avait la sagesse de le laisser inculte, et ensuite, cela se comprend, parce que j'avais d'autres espaces plus avantageux et plus urgents à garnir de vignes américaines. Mais je vais avancer son tour et le garnir, lui aussi, de toutes les variétés qui me paraissent avoir quelques chances, tant petites soient elles, de s'y adapter plus ou moins. Je sais que je marche vers des insuccès inévitables et nombreux, mais je ne suis nullement humilié, bien au contraire, qu'on puisse dire de moi que j'ai fait plus d'écoles, plus de boulettes, plus de tentatives infructueuses que n'importe qui, et je serai enchanté d'augmenter la liste déjà longue, longue, de toutes celles que j'ai faites depuis quinze ans.

Je suis assuré que beaucoup de mes confrères feront comme moi — et mieux que moi — d'autant plus que, quel que soit le résultat de nos efforts, nous pouvons espérer une récompense. Un échec complet nous vaudrait sans doute la visite de quelques rapporteurs dont je serais enchanté — bien que, en légitime défense, je les aie un peu malmenés — de faire la connaissance, car je sais qu'il en est de fort aimables, qui n'attendent peut-être que d'avoir trouvé leur chemin de Damas pour adorer ce qu'ils ont vainement tenté de lapider. Un seul succès nous permettrait de rendre de réels services aux propriétaires des terres actuellement rétives à la viticulture, et, pour comble de chance, nous pourrions, par une juste proportion de beaucoup d'insuccès et de quelque réussite, réunir les deux avantages à la fois.

A entendre les américanophobes, et même les trop longs détails auxquels je me suis laissé entraîner à leur suite sur la question des marnes blanches, on pourrait vraiment croire que ces terres toxiques pour quelques vignes américaines forment la totalité ou au moins la majorité du sol viticole de la France, et, en outre, que toutes nos vignes greffées ont disparu ou vont disparaître. Nous avons regardé la médaille à l'envers : retournons la question pour la voir à l'endroit et constatons qu'elle présente une face bien portante, réjouissante et mille fois plus grande que son microscopique revers. Les terres rétives à certaines vignes américaines ne forment qu'une portion minime de notre territoire viticole et on ne tardera guère à leur fournir des variétés plus vigoureuses que les anciennes. Quant aux vignes américaines, greffées ou non greffées, qui ont fléchi ou péri dans ces terres, quelle proportion atteignent-elles à côté des vignes américaines florissantes et admirables de vigueur et de fertilité ? Nos adversaires auraient bien dû nous

(1) En visitant, en juin 1886, le carré de vignes atteintes ou tuées par la chlorose au milieu du magnifique et vigoureux vignoble de M. Jules Loenhardt, à Verchant, près Montpellier. J'ai fait deux ou trois remarques assez curieuses.

Des souches de clairette restaient intactes, verdoyantes et couvertes de raisins au milieu des autres variétés françaises greffées sur les mêmes portegreffes qu'elles et succombant sous la chlorose.

D'assez nombreux Othello, les uns plantés francs de pied, les autres greffés sur Riparia et éparpillés, eux aussi, dans des vignes fortement chlorosées, offraient une sorte d'échelle descendante depuis la vigueur verdoyante jusqu'au dépérissement blanchâtre. Des recherches faites au pied d'un grand nombre de souches nous ont permis de constater que les Othello les plus vigoureux étaient, ou francs de pied, ou complètement affranchis et vivant de leurs propres racines situées au dessus des portegreffes, ceux entre rien et tout n'étaient affranchis qu'à moitié, à tiers ou à quart ; les plus chétifs, pas du tout.

J'apprends le même jour de M. Pierre Viala, que, dans d'autres marnes calcaires blanches, les Champins francs de pied ou greffés depuis plusieurs années ne donnaient aucun signe de dépérissement chlorotique ou autre.

donner cette proportion si écrasante pour nous. S'ils ne l'ont pas fait, c'est que, tout en l'exagérant le plus possible, ils n'auraient pu la porter au-delà de quelques millièmes, et cette proportion quasi infinitésimale aurait singulièrement compromis l'effet terrifiant qu'ils voulaient produire.

Ce qui est vrai, ce qui est rassurant, ce qui m'étonne, parce que j'étais loin de m'y attendre, ce qui me paraîtrait incroyable, si je ne le voyais chaque jour de mes yeux, ce sont les facilités d'adaptation de toutes ces variétés étrangères dans les quelques sols de mes plantations. J'ai près de trois cents variétés américaines venant de tous les points et de tous les sols des Etats-Unis : un grand nombre sont d'une exubérance toujours croissante, presque toutes sont d'une vigueur bien suffisante, bien peu restent chétives deux ou trois au plus ont disparu, dont je n'avais que quelque pied mal venu et mal placé. J'ai environ cinq cents variétés du Vieux Monde greffées sur quarante ou cinquante variétés américaines, et pas une seule n'a donné encore le moindre signe de dépérissement. Et cependant mes terrains sont loin d'être de premier ordre : l'argile y domine, avec des proportions variables de silice et de calcaire ; et les neuf dixièmes au moins des sols plantables en vignes sont autant et plus favorables que les miens à cette culture.

Voilà un fait, ou plutôt un ensemble de faits, — facile à constater et souvent constaté par mes nombreux visiteurs, — qui diminue peut-être un peu l'importance des questions d'adaptations diverses, mais qui me paraît avoir l'incontestable avantage de prouver à tous mes confrères en viticulture qu'ils peuvent, excepté dans quelques terrains rares et ingrats pour lesquels la prudence commande d'attendre, planter avec confiance, dans leurs terrains ordinaires, les producteurs directs américains et les plants greffés mûrissant dans leurs régions.

PRODUCTEURS DIRECTS OU PLANTS GREFFÉS ?

Lesquels vaut-il mieux planter? Voilà une question sans cesse renaissante et qui reçoit, en même temps ou tour à tour, des réponses différentes et opposées suivant la région, suivant le questionné et aussi suivant le vent général ou local qui souffle, tantôt vers les uns, tantôt vers les autres.

J'ai raconté l'impression peu favorable et peu encourageante produite sur les viticulteurs français par les vins des premiers producteurs introduits et essayés : Isabelle, Clinton, Concord, etc. Il en résulta un entraînement qui, je l'espère bien, ne se ralentira jamais, vers le greffage comme moyen de reconstitution de nos vignobles avec les anciennes et incomparables variétés qui avaient fait et qui feront encore la réputation et la fortune de nos grands crûs français. Pour ceux-ci : le Bordelais, l'Hermitage et les côtes du Rhône, le Beaujolais, la Bourgogne, la Champagne, les Charente et tant d'autres moins illustres, — mais dont le tour pourra venir, — les plants greffés avec les Cabernets, les Syrac, les Roussanne, les Gamays, les Pineaux noirs et blancs, les Folles blanche et jaune et autres cépages justement renommés devront tenir et tiendront toujours la première place. Peut-être, après avoir été sauvés et perpétués par les portegreffes américains, trouveront-ils dans les producteurs directs quelques auxiliaires et même quelques rivaux qui collaboreront avec eux à la production de nos grands vins. Car, pendant que les portegreffes tenaient la première place, un grand nombre de producteurs directs nous arrivaient les uns après les autres et prenaient, eux aussi, une place de plus en plus importante et envahissante, surtout dans les vignes à vins ordinaires. Les vins de quelques uns d'entre eux commençaient à effacer la mauvaise impression produite par leurs prédécesseurs, mais leur extension était encore retardée par diverses causes.

Les premiers qui commencèrent à donner des vins non seulement potables et acceptables, mais réellement bons, étaient des cépages méridionaux, des Æstivalis : Herbemont, Jack, Cunningham, Rulander, Hermann, etc. que leur maturité tardive empêchait de remonter au-delà des rives de la Méditerranée ou des bords du Rhône.

Il était admis alors, en principe et on ne sait trop pourquoi, qu'aucun hybride ne pouvait être résistant. Hors des Æstivalis et des Cordifolia, point de salut. On fut bien forcé de s'apercevoir — et j'ai été un des premiers à le proclamer — que tous ces Æstivalis et Riparia (ex-Cordifolia) cultivés n'étaient eux-mêmes que des hybrides, et que beaucoup d'autres hybrides plus ou moins éloignés de l'Æstivalis et du Riparia étaient aussi résistants qu'eux. Ce fut un pas décisif, parce qu'il fit entrer dans la viticulture tous les producteurs directs précoces que l'ostracisme des hybrides en avaient tenus éloignés jusqu'alors.

On donnait aussi à tous ces plants, d'origines et d'exigences si diverses, la même taille courte, usitée dans la plupart des régions ; et comme beaucoup d'entre eux ont besoin d'une taille longue et même très longue, on se hâtait de constater leur peu de fertilité, tandis qu'on a pu, depuis, constater combien ils étaient fertiles avec la taille qui convient.

Pour apprécier et juger la qualité de ces nouveaux vins, on n'attendait pas, comme pour nos vignes françaises, que les souches eussent quelques années et pussent donner la quantité de bonne vendange indispensable à une bonne vinification. Les premiers grappillons qu'on pouvait découvrir sur des plantiers d'un ou deux ans étaient recueillis, mis à cuver dans un pot ou un barricot, et l'on déclarait que le produit était détestable. Ce qui était parfaitement vrai, et aurait été également vrai si l'on avait cueilli et fait cuver de la même manière les premiers raisins de la meilleure de nos variétés.

Je suis non seulement étonné, mais émerveillé, chaque fois que j'arrive à avoir assez de raisins d'une nouvelle variété pour en faire une cuvaison à peine suffisante, — un demi ou un hectolitre quand il en faudrait dix fois plus, — d'obtenir un résultat qui dépasse toujours mes espérances. La liste est déjà longue de ceux dont j'ai pu constater les bonnes qualités : Black Défiance, Black Eagle, Black July, Brant, Canada, Cornucopia, Cynthiana, Elsinburgh, Eumélan, Harwood, Herbemont, Huntingdon, Jack, Othello, Secrétary, Sénasqua... Missouri Riesling, Noah, Triumph, Cunningham, Delaware, Louisiana... et cette liste s'allonge chaque année.

Comme conclusion et comme conseil, je ne puis que recommander aux autres ce que je fais moi-même et dont je me trouve bien : c'est de planter le plus possible des producteurs directs comme, suivant les régions : Herbemont, Cynthiana, Canada, Cornucopia, Othello, Secrétary, Black Défiance, Huntingdon, Noah, Triumph, etc., et des plants greffés, choisis, d'abord parmi ceux de leur région, et ensuite parmi les nouveaux : Portugais bleu, Durif, Alicante Henry Bouschet, etc.

COLLECTION DE VIGNES DE L'ANCIEN MONDE

Le premier et certainement le plus considérable service que nous aient rendu les vignes américaines, a été la préservation et la conservation de nos anciennes variétés. Combien avait-il fallu de siècles pour créer et développer ces immenses richesses viticoles! Quelles ruines, quels désastres, quels cataclysmes la disparition dont elles étaient menacées n'aurait-elle pas produits dans la fortune, la santé et la gaîté du monde entier! Et quand les cépages américains nous apportaient un moyen assuré de conjurer une pareille calamité, n'était-ce pas avec empressement et reconnaissance qu'on aurait dû les accueillir comme des sauveurs, et non avec des malédictions et des quarantaines, comme des pestiférants!

J'ai commencé, il y a dix ans, à côté de mes essais d'acclimatation des vignes américaines, un essai de conservatoire de nos variétés françaises. Il va sans dire que toutes sont greffées sur portegreffes américains. J'ai donné à ces souches, dont une moitié appartient à l'ancien monde et une moitié au nouveau, le nom de vignes Franco-américaines, dont on ne peut contester l'exactitude absolue, mais qui se justifie, parce que c'est bien en France que toutes ces vignes de l'Europe, de l'Asie et de l'Afrique ont été introduites et greffées sur des enfants de l'Amérique.

Je comptais d'abord me borner aux quelques variétés de cuve et de table les meilleures, les plus connues et les plus usuelles ; mais qu'il est difficile de s'arrêter sur la pente des collections! J'ai vainement essayé maintes fois de m'enrayer moi-même, je me suis fixé des maximums que je me promettais bien de ne pas dépasser, et j'ai tenu ces serments comme les joueurs qui jurent de s'enfuir dès que leur gain atteindra un certain chiffre. La collectionomanie est un engrenage qui, lorsqu'il vous a attrapé le petit doigt, vous empoigne tout entier. Je suis tellement pris que non seulement je n'essaye plus de lutter, mais que je me suis mis à pousser moi-même à la roue et vais parfois jusqu'à trouver qu'elle ne marche pas assez vite.

Tous mes confrères en collectionomanie connaissent comme moi les ennuis, les déceptions et les fatigues de cette funeste passion, qui toutefois a bien ses charmes, ses compensations et ses jouissances. Mais le plus grave inconvénient de cet embarras de richesses, c'est que qui trop embrasse mal étreint. Et voilà pourquoi ma longue, trop longue liste des variétés de vignes de l'Ancien Monde se trouve réduite à n'être, pour cette année, qu'une sèche énumération alphabétique, sans accompagnement des petits signes hiéroglyphiques qui font le désespoir de quelques-uns de mes correspondants et des petites notes explicatives destinées à les consoler.

Pour cette omission, qui ne sera, je l'espère, qu'un retard, j'ai une double excuse. D'abord, le temps m'a manqué : les malheureux collectionneurs viticoles devraient avoir des heures et des journées plus longues que le commun des mortels. — Et dire qu'il y en a, de ces mortels, qui trouvent que les jours ont trop d'heures et les heures trop de minutes! Quel dommage de ne pouvoir les débarrasser de ce qu'ils ont de trop et leur acheter ces précieuses minutes dont ils ne savent que faire! — Et puis, il n'en est pas des vignes françaises comme des vignes américaines. Autant ces nouvelles venues sont encore peu connues, autant les autres ont été depuis longtemps énumérées, décrites et étudiées dans une foule de traités et d'ouvrages remarquables après lesquels il semble qu'il ne reste rien à dire sur leur compte.

J'ai pensé cependant qu'il y avait encore beaucoup de débutants et de néophytes en viticulture auxquels quelques notions succinctes sur les cépages que je possède et que j'ai étudiés chez moi pourraient être de quelque utilité ou de quelque agrément. J'ai commencé pour ces vignes le même travail que pour les vignes américaines; je vais le continuer, et mon futur catalogue contiendra ce que j'ai déjà pu faire pour plus de cent variétés et ce que je pourrai faire pour une ou deux centaines d'autres.

VIGNES DE L'ANCIEN MONDE. — VITIS VINIFERA. — VARIÉTÉS DE CUVE ET DE TABLE.

Dites Franco-Américaines parce qu'elles sont greffées en France sur Américains.

301 ABBADIA (Sardaigne).
302 ABEILLONE (Ardèche). Chasselas doré.
303 AGAPANTHE (France).
304 AGON MASTOS (Grèce).
305 AGOSTENGA (Piémont).
306 AILONICHI NOIR (Grèce).
307 ALBOURLAH KIRMISI ISIUM (Crimée).
308 ALEATICO MUSQUÉ (Toscane).
309 ALICANTE, Grenache (Espagne).
310 ALICANTE-BOUSCHET (Hérault).
311 ALICANTE-BOUSCHET N° 1.
312 Id. BOUSCHET EXTRA-FERTILE (n° 1).
313 Id. BOUSCHET N° 2.
314 Id. HENRY BOUSCHET (n° 2).
315 Id. BOUSCHET A FEUILLES DÉCOUPÉES.
316 Id. BOUSCHET PRÉCOCE, n° 5.
317 Id. BOUSCHET A SARMENTS ÉRIGÉS.
318 ALMERIA, ALMARIA (Moreau d'Angers).
319 ALTESSE DE SAVOIE, Roussane.
320 AMOULAS (Ardèche).
321 ANADASAULI, ANDANASAOULI (Caucase).
322 ANJOU (Isère).
323 APESORGIA (Sardaigne).
324 APPOLLINAIRE (Ardèche).
325 ARAMON (Languedoc).
326 ARAMON SÉLECTIONNÉ.
327 ARAMON BOUSCHET, n° 1.
328 ARAMON TEINTURIER BOUSCHET.
329 ARGANT NOIR (Jura).
330 ARROÜVA (Pyrénées) Portugais bleu?
331 ASPIRAN-BOUSCHET.
332 ASPIRAN GRIS (Languedoc).
333 Id. NOIR.
334 ASPROTAFLO.
335 AURUN (Vaucluse).
336 AUGIBI ou JUBI (Gard).
337 AUGSTER, Golber noir?
338 AUGULATO (Grèce).
339 AUXERROIS DU MANS.
340 AVARENGO (Pignerol, Piémont).

341 BACLAN DU JURA.
342 BAKATOR (Hongrie).
343 BALAFANT BLANC (Hongrie).
344 BALAOU, BALAU, BALAURO (Piémont).
345 BALOG PAL.
346 BALZAC (Charente). Mourvèdre.
347 BAMBINA (Italie méridionale).
348 BARBAROSSA (Toscane).
349 Id. à feuilles cotonneuses.
350 Id. à feuilles découpées.
351 BARDUCIS (Viber, d'Angers).
352 BARETTES, soi-disant semis de Taylor.
353 BAS-PLANT, Durif.
354 BAZINET.
355 BEAU-BLANC (Moreau Robert).
356 BELLINO.
357 BENADA, Mourvèdre (Vaucluse).
358 BENI-CARLO, TROIS-FERTILE, pas Mourvèdre.
359 BENI-SALEM (Iles Baléares).
360 BEQUIGNAOU noir (Bordelais).
361 BERMESTIA BIANCA (Italie).
362 BERMESTIA ROSSA.
363 BIANCHETTA.
364 BIBIOLA (Piémont).
365 BICANE, Chasselas Napoléon (Indre-et-Loire).
366 BILDWING SEEDLING.
367 BLACK PRINCE, Frankental.
368 BLANC D'AMBRE, Oseri du Tarn.
369 BLANC DE ZANTE.
370 BLANCHET.
371 BLANCHON, Blanchou (Ardèche).
372 BLAUER PORTUGIESEN, Portugais bleu.
373 BLAUER TRAMINER, Sav-gnin?
374 BOERHAAVE.
375 BOIS-JAUNE, Grenache.
376 BOLETTO, BELETTO, FUELLA (Alpes-Maritimes).
377 BONARDA (Piémont).
378 BOUCHALÈS (Haute-Garonne).
379 BOUDALÈS (Pyrénées-Orientales) Cin-Sao.
380 BOUILLAN VERT, Bouillenc? (Tarn).

381 BOURRISCOU (Ardèche).
382 BOUTEILLAN NOIR.
383 BRACHETTO, CALITOR, PÉCOUI-TOUAR.
384 BREYSSE REMONTANT, Japon trifer?
385 BRUN-FOURCA ou FOURKA (Var).
386 BUCKLAND SWEET WATER (Angleterre).
387 BUÉNOS-AYRES BLANC.
388 Id. ROSE.
389 BURCHARDT's PRINCE, Aramon.
390 BURGER BLANC (Alsace).
391 BUTAGAL, BUTAJAL (Andalousie), Clairette rose.
392 **CABERNET FRANC**, CABERNET BLANC, raisin noir.
393 CABERNET SAUVIGNON (Bordelais).
394 CAHORS (Lot-et-Garonne), Cot. Malbeck.
395 CALABRÈSE (Sardaigne, Sicile).
396 CALIPUNTO MINUDU (Sardaigne).
397 CALITOR (France méridionale), Brachetto?
398 CAMAO DE MUNCA, ou DE MOKA? (Portugal).
399 CARIGANTI (Sicile).
400 CARIGNANE, CARIGNANE (Espagne, Aragon).
401 CARIGNAN-BOUSCHET (Hérault).
402 CARMENÈNE, Cabernelle (Bordelais).
403 CASCAROLO (Piémont).
404 CASENNO (Angers).
405 CASTETS (Bordelais), Nicoulcan.
406 CHANTI BLANCO (Caucase).
407 CHANY (Auvergne).
408 CHAOUCH, CHAOUS (Égypte).
409 CHARDONAY MUSQUÉ (Ain).
410 CHASSELAS BLANC (France).
411 Id. DE BULHIERY.
412 Id. CIOUTAT, à feuilles persillées.
413 Id. COUTARD, Gros coutard.
414 Id. DORÉ (France).
415 Id. DE FALLOUX, rose.
416 Id. DE FLORENCE.
417 Id. DE FONTAINEBLEAU, Ch. doré.
418 Id. GUILLET.
419 Id. MUSQUÉ VRAI.
420 Id. NAPOLÉON, Bicane.

VIGNES DE L'ANCIEN MONDE. — VITIS VINIFERA. — VARIÉTÉS DE CUVE ET DE TABLE. (Suite)

421 CHASSELAS DE NÉGREPONT, rose.
422 Id. PULLIAT, doré amélioré.
423 Id. rose.
424 Id. ROUGE ROYAL.
425 Id. SAINT-FIACRE, Muscat Ottonel ?
426 Id. DE THOMERY.
427 Id. DE TOULAUD (Ardèche), doré.
428 Id. VIOLET.
429 CHATUS (Ardèche), Corbel.
430 CHERKALI (Afrique) ou CHERCHALI.
431 CHICHAUD (Ardèche).
432 CHYPRE BLANC, CURRO BIANCO.
433 CHYPRE ROSE.
434 CINQUIEN DU JURA.
435 CIN SÀO, CINSAUT, Boudalès (Hérault).
436 CITÉ BLANC (Moreau-Robert, Angers).
437 CLAIRETTE BLANCHE (France méridionale, Diois).
438 Id. ROSE.
439 COLOMBIER.
440 COLOMBAUD, Colombeau- (Var).
441 CORBEAU (Lyonnais), DOUCE NOIRE (Savoie).
442 CORBEL, CORBET, COURBET, Chatus (Drôme).
443 CORNINELLA (Véronais, Padouan).
444 CORINTHE BLANC (Grèce).
445 CORINTHE ROSE.
446 CORNET (Drôme).
447 CORNICHON BLANC, Tetta di Vacca.
448 Id. ROUGE.
449 Id. NOIR.
450 Id. VIOLET.
451 CORNIOLA (Sardaigne), Cornichon.
452 CORTESE BIANCA (Piémont).
453 Id. NERA.
454 COT. Malbeck, Cahors, Quercy, Mérillé, etc.
455 COUTURIER (Dordogne).
456 CROETTO, CROVETTO (Piémont, Asti).
457 CUGNETTE (Isère), Jacquère de la Savoie.
458 CUSTULIDI (Ile de Zante).
459 DARKAIA NOIR DE PERSE.
460 DIAMANT TRAUBE (Raisin Diamant).

461 DIDI ANDANASAOULI (Caucase).
462 DODRELABI (Caucase).
463 DOLCETO NERO (Piémont), DOLUTZ NOIR.
464 DONZELLINO DO CASTELLO (Espagne, Portugal).
465 DOUCAGNE, Doussagne (Lot).
466 DOUCE BLANCHE.
467 DOUCE NOIRE (Savoie), Corbeau.
468 DRONKANE (Égypte).
469 DUC DE MAGENTA (Moreau-Robert).
470 DURAZAINE (Ardèche), Raisaine.
471 DUREZZA (Drôme), PELOURSIN (Isère).
472 DURIF (Isère), PLANT DURIF, pas du Rif.
473 DURNERIN (Isère).
474 ENGLISH COLOSSAL (Angletrre).
475 ENRAGEAT, FOLLE BLANCHE (Gironde).
476 ÉPARSE, PALESTINE blanc.
477 ÉPINIS.
478 ERBALUGE, ERBALUS (Piémont).
479 ERBALUCE BIANCA.
480 ERBA MADURA, Erva (Sicile).
481 ERBA POSADA (Sicile).
482 ERBA POSADA MADURA.
483 ESPAGNIN NOIR (Basses-Alpes).
484 ESPAR, Mourvèdre (Provence).
485 ESPAR-BOUSCHET (Hérault).
486 ÉTRAIRE (Isère et Savoie).
487 ÉTRAIRE DE L'ADUÏ (Grésivaudan).
488 ÉTRANGLE-CHIEN, ESTRANLIO-TCHI, Mourvèdre,
489 EXTRA-FERTILE SUQUET.
490 FAVORITA (Piémont, Conegliano).
491 FEHER SOM (Hongrie).
492 FENDANT ROUX (Savoie), Chasselas doré.
493 FERANAH FARANAH (Afrique).
494 FERANAH NERA.
495 FINTENDO (Espagne).
496 FLORA (Drôme, Diois).
497 FLOUROU, Mourvèdre (Drois).
498 FOIRARD, FOIRAT (Jura).
499 FOLLE BLANCHE (Charentes), Enrageat.
500 FOSTER WHITE (Angleterre).

501 FRANKENTAL (Autriche).
502 FRANKENTAL HATIF.
503 FREDERICTON (Moreau-Robert, Angers).
504 FRESA, FRESA (Piémont).
505 FROC LABOULAYE, Chasselas conlard.
506 FRUHE WEISSE MAGDALEN (Autriche).
507 FUELLA, BELETTO (Alpes-Maritimes).
508 FURMINT (Hongrie).
509 GALOPPO (Sardaigne).
510 GAMAY BEAUJOLAIS.
511 Id. DE LIVERDUN.
512 Id. MILLAUD, précoce.
513 Id. NICOLAS.
514 Id. PICALD.
515 Id. TEINTURIEN, Plant de Bouze.
516 GÉNÉRAL LAMARIORA (Moreau-Robert).
517 GEROSOLIMITANA NERA (Syracuse).
518 GERSETTE NOIRE (France centrale).
519 GIRO BIANCO (Sardaigne).
520 GIRONE (Sicile).
521 GOHER BLANC PRÉCOCE.
522 GOHER NOIR (Hongrie), Augster ?
523 GOLDEN CHAMPION (Angleterre).
524 GRADISKA (Moreau-Robert, Angers).
525 GRAND NOIR BOUSCHET DE LA CALMETTE.
526 GRAPPU, GRAPUT (Gironde).
527 GRAVIER (Ardèche).
528 GREC ROSE (Var).
529 GREC ROUGE, Monstrueux de Candolle.
530 GRENACHE (Espagne, Granaccia).
531 GRISA (Piémont).
532 GROS BLANC.
533 GROS-BOUSCHET (Hérault).
534 GROS-MAROC, Gros Ribier ?
535 GROS PLANT DU RHIN, Silvaner blanc.
536 GROS RIBIER, Damas noir.
537 GROS SALETTES ?
538 GROS SYRAC, Mondeuse, Marsanne.
539 GRUN MUSCATELLER (Autriche).
540 GUARNAZZA TRINA VERDOGNOLA (Sardaigne).

VIGNES DE L'ANCIEN MONDE. — VITIS VINIFERA. — VARIÉTÉS DE CUVE ET DE TABLE. (Suite)

541 GUEUCHE (Jura).
542 GHINDOLENC GRIS (Tarn-et-Garonne).
543 HAMBOURG DORÉ.
544 Id. MUSQUÉ.
545 HÉNAB TURKI ou TURGUI (Égypte).
546 HERRANT, Pique? (Gers).
547 HIROU, BLANC (Savoie).
548 HUEVO DI GATO (Espagne).
549 HYGALÈS (Andalousie).
550 IMPÉRIAL NOIR, Bellino.
551 IU-KARA, IRISKARA (Syrie).
552 ISCHIA, Pineau noir précoce.
553 JACQUÈRE (Savoie), Cugnette.
554 JAPON TRIFRUCTIFÈRE ou TRIFER.
555 JOANNENC CHARNU, Lignan.
556 JUH, Angili.
557 JURANÇON (Basses-Pyrénées).
558 KADARKAS (Hongrie).
559 KAIZOURI, KAYSOURI (Asie).
560 KAKOUR (Perse).
561 KAROAD.
562 KATCHBOURI (Asie).
563 KAYOURI, KAMOURI (Caucase).
564 KECHMISH ALI (Perse).
565 KETS KETS ETSU BLANC. Pis de chèvre.
566 KETS KETS ETSU ROUGE.
567 KORINTHI (Grèce).
568 KOVEN (Hongrie).
569 LACRIMA DI MARIA (Termini).
570 LACRIMA NERA (États romains).
571 LADY DOWNES (Angleterre).
572 LA GUÊPE.
573 LARDOT, LARDAT (Drôme).
574 LEANI SZOLO (Hongrie).
575 LIADA (Afrique).
576 LIGNAN BLANC (Jura), LIGLIENGA.
577 LIGNAN BLANC SÉLECTIONNÉ.
578 LIGNAN NOIR.
579 LIMBERGER (Autriche), Portugioser Leroux.
580 LIPAROTA (Messine).

581 LISTAN BLANC (Andalousie).
582 LOUBAL BLANC (Tarn-et-Garonne).
583 LUCKENS, Col. Malbeck.
584 LUGENGLIA BIANCA (Piémont), Lignan).
585 MACAROLI (Espagne).
586 MACCARBO (Pyrénées-Orientales).
587 MAGLON, MARCLOU (Côte-Rotie).
588 MADELEINE ANGEVINE (Moreau-Robert).
589 Id. BLANCHE PRÉCOCE, Lignan.
590 Id. GAILLARD.
591 Id. BLANCHE DE JACQUES.
592 Id. NOIRE DE JACQUES.
593 Id. ROYALE.
594 MALBECK, Cot. (Quercy).
595 MALINGRE (semis de Malingre).
596 MALVOISIE DES CHARTREUX.
597 Id. JAUNE DU PIÉMONT.
598 Id. ROSE DU Pô.
599 Id. DES PYRÉNÉES.
600 Id. DE STRIES (Catalogne).
601 Id. DE SYRACUSE.
602 Id. PETITE VERTE.
603 MANÉCHAL (Ardèche), Mourvèdre.
604 MANOSQUEN (Basses-Alpes, Téoutier).
605 MANSONNET (Drôme).
606 MARAVIGLIA NERA.
607 MAROCAIN BLANC (France méridionale).
608 Id. GRIS.
609 Id. NOIR.
610 MARSANNE BLANCHE (Drôme).
611 Id. NOIRE, Gros Syrac.
612 MARSÈSE? MARCHESA? (Calabre).
613 MASCARA n° 1 (Afrique).
614 Id. n° 2.
615 Id. n° 3.
616 MATARO BLANC (Espagne).
617 MATARO NOIR, Mourvèdre.
618 MAUZAC NOIR (Tarn-et-Garonne).
619 Id. ROSE.
620 MAYORQUIN (Mayorque).

621 MELINET (Moreau-Robert).
622 MÉRILLE (Lot-et-Garonne).
623 MERLOT (Bordelais).
624 MESLIER, MAILLÉ (Orléanais).
625 MESLIER, METRIE, MESSLE, Pouisard.
626 MILTON (Moreau-Robert).
627 MINNA DI DONA (Sicile).
628 MISNEDA NIURA (Sicile).
629 MONACHELLE (Abruzzes).
630 MONDEUSE (Savoie), PERSAGNE (Lyonnais).
631 MONTANERA (Piémont).
632 MONTANICU NUIRU (Etna).
633 MONASTEL (Hérault) MOURASTEL, MOURASTEL.
634 MORILLON DU LUXEMBOURG.
635 Id. NOIR PRÉCOCE, Ischia.
636 MORNEN BLANC, Chasselas.
637 MORNEN NOIR (Lyonnais).
638 MOURASTEL-BOUSCHET A GROS GRAINS.
639 Id. A SARMENTS ÉRIGÉS.
640 MOSTERA IVREA (Ivrée).
641 MOURASTEL, FLOUROU, FLOURA, BRUN FOURKA.
642 MOURET, Chatus, Tête de nègre.
643 MOURISCO PRIETO (Portugal).
644 MOURVÈDRE (Var, Provence).
645 MOURVÉDRE HATIF DE NIKITA.
646 MUSCADELLE, MUSCADET (Bordelais).
647 MUSCAT D'ALEXANDRE (Piémont).
648 Id. DE BERCKEM (Crimée).
649 Id. BIFER, BIFÈRE (Gard).
650 Id. BLANC PRÉCOCE.
651 Id. BOUSCHET (Hérault).
652 Id. DE BOWOOD (Angleterre).
653 Id. GRIS DE LA CALMETTE (Hérault).
654 Id. CAMINADA, de Rome, d'Espagne.
655 Id. CANON HALL (Angleterre).
656 Id. DE COURTILLER.
657 Id. D'EISENSTADT, Caillaba.
658 Id. D'ESPAGNE.
659 Id. FOU, Muscatelle (Bordelais).
660 Id. DE FRONTIGNAN.

VIGNES DE L'ANCIEN MONDE. — VITIS VINIFERA. — VARIÉTÉS DE CUVE ET DE TABLE. (Suite)

661 MUSCAT NOIR DE HAMBOURG.
662 Id. DE JÉSUS, Fleur d'orange.
663 Id. NOIR PRÉCOCE DE LIENVAL.
664 Id. ROUGE DE MADÈRE.
665 Id. OTTONEL (Moreau-Robert).
666 Id. PULLIAT (Chironbles).
667 Id. DU PUY-DE-DÔME.
668 Id. DE RIVESALTES.
669 Id. SALAMON (Baron Salamon).
670 Id. DE SAUMUR.
671 Id. TROWEREN (Vibert, d'Angers).
672 MUZEGUERA.
673 NEBBIOLO DI PIEMONTE.
674 NEMÉLESCOL (Terre promise, Marseille).
675 NEGRERA (Lombardo-Vénétie).
676 NÉGRET du Tarn.
677 NÉMORIN (Moreau-Robert).
678 NUREDDU CAPPUCCIU (Sicile).
679 NOCERA DE CATANE.
680 NOUCHAUT, NOUCHANT (Gironde).
681 NOIR DE CASBINE OU KASBINE (Perse).
682 Id. DE GMINA (Crimée).
683 Id. DE JÉRUSALEM.
684 Id. DE LORRAINE.
685 Id. DE LORRAINE du Comte Odart.
686 Id. DE PRESSAC, Cot, Malbeck.
687 NOUEN DE PERNANT, Pineau.
688 NOIROT, NOIREAU (Haute-Loire).
689 NOUVEAU GIBRALTAR (Vibert, d'Angers).
690 OCCHIO DE BOVE (Rome).
691 ŒIL DE TOURS (Lot-et-Garonne).
692 (ŒILLADE. ULLIADE (France méridionale).
693 OLIVETTE BLANCHE (France méridionale).
694 OLIVETTE NOIRE.
695 OPIMAN (Asie).
696 OPORTO, Portugais bleu (Hongrie).
697 ORLÉANDIN, ORLÉANER (Rives du Rhin).
698 OSERI DU TARN; Blanc d'Ambre.
699 PAFAGNA DE ZANTE.
700 PALESTINE BLANC, Éparse.

701 PALUMBARA BIANCA (Sicile).
702 PANSE JAUNE (Provence).
703 PANSE MUSQUÉE, Mr d'Alexandrie.
704 PAQUIER NOIR (M. Paquier-Desvignes, Beaujolais).
705 PARPEURI, PARPORIO (Piémont).
706 PASCAL BLANC (Provence).
707 PASCAL NOIR (Provence).
708 PASSERILLE BLANCHE.
709 Id. A GROS GRAINS (Var).
710 Id. NOIRE.
711 PAUGAYEN, POUGAYEN (Drôme).
712 PEDRO XIMENÉS (Espagne).
713 PELOURSIN, Dureza (Isère, Drôme).
714 PERDONET BLANC (Angers).
715 PERLE IMPÉRIALE (Vibert, Angers).
716 PERRIER NOIR (Savoie).
717 PERSAGNE, Mondeuse.
718 PERSAN, Étraire? (Savoie).
719 PERSIA, Dorbli de Darkaia (Perse).
720 PETIT-BOUSCHET (Hérault).
721 PETIT-BOUSCHET extra-fertile.
722 PETIT ÉPICIER, Meslier.
723 PICARDAN BLANC (Languedoc).
724 PICARDAN NOIR.
725 PICCOLITO BIANCO (Frioul).
726 PIED DE PERDRIX, Cot.
727 PIENC, PIEC (Gers) Herran?
728 PIGNON DE MADÈRE.
729 PINEAU BLANC (Bourgogne), Pinot.
730 Id. BLANC DE VALBREUSE.
731 Id. GROS BLANC DE LA LOIRE.
732 Id. CHAMBERTIN.
733 Id. DORÉ D'AI.
734 Id. GRIS.
735 Id. MEURSAULT.
736 Id. MUSIGNY.
737 Id. NOIR (Bourgogne).
738 Id. PRÉCOCE, Ischia.
739 Id. VOLNAY.
740 PINICOLI.

741 PIQUEPOULE, PICPOUL (Languedoc).
742 PIQUEPOUL-BOUSCHET (Hérault).
743 PISATELLE, PIZZUTELLO (Italie Romagne).
744 PIS DE CHÈVRE, KETZ KETZ ERSU (Hongrie).
745 PLANT DE BOUZE (Bourgogne), Gamay teinturier.
746 PLANT DURIF (pas : du Riff) Durif.
747 PLANT GRANJON, nº 1.
748 PLANT DU ROI, Cot, Malbeck.
749 POMPADOUR (Ardèche).
750 PORTUGAIS bleu (???).
751 PORTUGIESER LEROUX, Limberger (Wurtemberg).
752 POULSARD NOIR DU JURA.
753 PRÉCOCE DE COURTILLER.
754 Id. DE HOUDBINE.
755 Id. DE KIENTSHEIM ou KEINTSEIN.
756 Id. DE LIENVAL.
757 Id. DE MALINGRE.
758 PRIMITIVO (Italie).
759 PROCACCIO, PROCOCO (Ile d'Elbe).
760 RABOSA VERONESE (Vénétie).
761 RAISAINE (Ardèche), Durazaine.
762 RAISIN DES ABIMES, Jacquère.
763 RAISIN D'AFRIQUE?
764 Id. DE CALABRE, Chass. Croquant.
765 Id. DE CORFOU.
766 Id. DE DAME, Plant de Dame.
767 Id. HARDY.
768 Id. DE JÉRUSALEM.
769 Id. DE NOEL.
770 Id. DU PAUVRE. Grec rouge.
771 Id. TURC.
772 RAMBOLA d'Égypte.
773 RAZAKI SZOLLO (Hongrie).
774 REBY NOIR (Savoie).
775 RIBIER, petit Ribier (Ardèche).
776 RIESSLING (Rives du Rhin); Petit Riessling.
777 Id. GROS, Orléaner, Riessler.
778 ROBIN NOIR (Drôme).
779 ROMIEU, ROUMIEU, Cot Malbeck.
780 ROSAKI (Égypte, Anatolie).

VIGNES DE L'ANCIEN MONDE. — VITIS VINIFERA. — VARIÉTÉS DE CUVE ET DE TABLE (Suite)

781 ROSAKI ASPRO (Smyrne).
782 ROTH SILVANER, Sylvaner Rother (Rhin).
783 ROUGE DE ZANTE (Grèce).
784 ROUSSANNE (Hermitage).
785 ROUSSAOU (Ardèche).
786 ROUSSE, ROUSSETTE (Lyonnais).
787 ROUVILLAC BLANC, Vermentino.
788 ROYAL VINEYARD (Angleterre).
789 RULANDER ALLEMAND: Pineau gris.
790 RULAUX.
791 SAGERET (Mereau-Robert).
792 SAINT-ANTOINE, Car Antoni.
793 SAINT-LAURENT PRÉCOCE, Ischia.
794 SAINTE-MARIE D'ALCANTARA.
795 SAINT-PIERRE BLANC (Charentes, Allier).
796 SAINT-RABIER (Dordogne, Haute-Vienne).
797 SALICETTE (Moreau-Robert).
798 SAN ANTONI (Pyrénées-Orientales).
799 SANTA PADLA (Andalousie).
800 SAPERAVI (Caucase).
801 SAR FÉHER. SARFEGER (Hongrie).
802 SAUVIGNON BLANC ou JAUNE (Sauterne).
803 SAUVIGNON GRIS.
804 SAVAGNIN BLANC ou JAUNE (Jura).
805 SAVAGNIN ROSE.
806 SAVOYANCHE, Mondeuse.
807 SCHIRADZOULI (Perse).
808 SCHIRAS.
809 SEBASTIANO (Constantinople).
810 SEMILLON BLANC (Sauterne).
811 SEMIS HOUBIDNE.
812 SERGIAL (Madère).
813 SÉRÉNÈZE, SÉRÉNET (Graisivaudan).
814 SÉRINE (Côte-Rôtie), Syrac.
815 SERVANIN (Isère).
816 SICILIEN.
817 SPAGNOL BLANC.
818 SPAGNOL NOIR.
819 SPAT-MALVASIER.
820 SPIRAN GRIS... Aspiran, Epiran, Piran.

821 SPIRAN NOIR (Bas-Languedoc).
822 STRADESE BIANCA (Lucques).
823 SULIVAN BLANC (Vibert, Angers).
824 SULTANIEH, SULTAN (Asie-Mineure).
825 SULTANIMA (Grèce).
826 SURIN JAUNE, Sauvignon.
827 SYRAC, SIRAH, SYRRAH (Hermitage, Drôme).
828 SYRAC GROS, Marsanne (Drôme).
829 SYRAMUSE (Diois, Drôme).
830 SYRIAN.
831 TADON NERO (Piémont, Saluces).
832 TAV TSITELLA (Caucase).
833 TCHITILOUÏI (Caucase).
834 TEINTURIER DU CHER.
835 TEINTURIER DE HONGRIE.
836 TERRET-BOUSCHET (Hérault).
837 TÊTE DE NÈGRE, Mouret, Chalus.
838 TÉOULIER (Basses-Alpes), Manosquien.
839 TINTO, Grenache (Vaucluse).
840 TOKAI (Lorraine).
841 TOUSSAN, TOUZAND (Lot-et-Garonne).
842 TRAMINER ROSE (Alsace), Savagnin.
843 TRANSPARENT DE MONTAUBAN.
844 TREBBIANO FIORENTINO (Toscane).
845 TRESSAILLER DE L'ALLIER.
846 TRESSOT PANACHÉ, Arlequin? Bigarré.
847 TRUPPA DI-BO ROSSICIA (Piémont).
848 UGNI NOIR, Aramon (Provence).
849 ULLIADE, Œillade (Languedoc).
850 ULLIADE BLANCHE.
851 ULLIADE ou ŒILLADE-BOUSCHET.
852 ULLIADE-BOUSCHET DU 1er AOÛT.
853 ULLIADE-BOUSCHET MUSQUÉE.
854 ULLIADE PRÉCOCE.
855 ULLIADE A QUEUE ROUGE.
856 UVA MARCHÈSE (Italie).
857 Id. PANE.
858 Id. PRUGNA.
859 Id. ROVOIA.
860 VALAIS NOIR (Jura).

861 VALENCI (Espagne).
862 VALTELINER (Allemagne).
863 VAN DER LAAN ou LAHN TRAUBE (Allemagne).
864 VENTRICE.
865 VERDAL BLANC, Malvoisie de Sitjes.
866 VERDELHO DE MADÈRE.
867 VERDET CHIALOSSE (Lot-et-Garonne).
868 VERDOT (Bordelais) Plant des Palus.
869 VERMENTINO (Corse).
870 VERNAIRE (Isère).
871 VESPOLINO (Piémont).
872 VIGNE BLANCHE DE PONT-D'AIN.
873 VIGNE DE WOOD (Lyon).
874 VIOGNIER, VIONNIER (St-Perray, Ardèche).
875 VLACOS.
876 WEISS DES ALLEMANDS.
877 XÉRÈS, Augibi ou Verdal?
878 XIMÉNÈS, Pedro Ximénès.
879 ZABALKANSKOI (Bulgarie).
880 ZANTE BLANC, Blanc de Zante.
881 ZANTE ROUGE, Rouge de Zante.
882 ZEKROULA KARISTONI (Caucase).
883 ZITSELT EL SOUASS (Afrique).
884 ZITZENTZEN, Pis de chèvre.
885 YAMANASHI (Japon).
886 YEDDO (Japon).

VIGNES ASIATIQUES sauvages

VITIS COGNETIÆ (Japon).   SONOVITIS DAVIDI (Chine).
VITIS FLEXUOSA (Id.).   VITIS THUNBERGII (Japon).

VIGNE D'ABYSSINIE : ROGHIANA tuberculeux.

AMPÉLOPSIS (1).

A. CORDATA (Amérique septentrionale).
A. ACONITIFOLIA (Chine).
A. HETEROPHYLLA (Chine et Japon).
A. QUINQUEFOLIA (Am. sept.).
A. INCONSTANS (Aconitifolia panaché).

(1) Ne sont des vignes que pour les botanistes : ne sont des porte-greffes que pour les... qui greffent la vigne sur ronce ou sur clématite; mais sont de belles plantes grimpantes, dont les unes prennent à l'automne des teintes écarlates, dont les autres se couvrent de petites baies dures ayant toutes les couleurs métalliques des émaux et persistant jusqu'à l'hiver.

Quoique un simple catalogue ne puisse ni ne doive avoir la moindre prétention à être un traité de Viticulture, et quoique la plupart de mes confrères connaissent aussi bien et mieux que moi les nombreuses opérations qui se rattachent à la culture de la vigne, je vais donner aux novices et aux débutants quelques indications et quelques conseils sur un petit nombre d'entr'elles qui forment une espèce d'introduction à la viticulture proprement dite.

J'ai été guidé dans le choix des questions dont je vais m'occuper par le nombre des questions que veulent bien m'adresser, chaque année, mes correspondants, dans des centaines et des milliers de lettres auxquelles je suis bien aise, je m'empresse de l'avouer, de pouvoir faire, en bloc, des réponses que j'ai déjà faites, des centaines et des milliers de fois, en détail. Expédition et Conservation des plants, Bouturages, Marcottages, Plantations, Semis, Greffages, voilà ce qu'on trouve d'abord à l'entrée de la viticulture, et c'est à cela que je me bornerai.

Pour toutes les autres questions : taillages, palissages, vendanges, vinification, etc., je renvoie les viticulteurs aux ouvrages généraux ou spéciaux, comme le *Cours complet de viticulture*, de M. G. Foëx ; le *Manuel du greffeur de vignes*, de M. V. Pulliat... et aux journaux viticoles, comme *La Vigne Américaine*, le *Journal de l'Agriculture*, le *Progrès agricole et viticole*, etc.

CONSERVATION DES BOUTURES, GREFFONS ET RACINÉS
Voyage, emballage et stratification.

Pendant le repos de la végétation, *les branches de vigne ne craignent pas le froid*, puisque certaines variétés américaines peuvent supporter des températures de — 40°, et certaines variétés européennes de — 20° ; mais elles craignent la chaleur humide qui peut mettre la sève en mouvement hors de saison, atrophier les bourgeons et empêcher les végétations futures ; elles craignent aussi le contact prolongé de l'air qui risque de les dessécher en faisant évaporer la sève endormie qu'elles contiennent. Il faut donc, soit pour les faire voyager, soit pour les conserver jusqu'à la plantation ou au greffage, les mettre à l'abri de l'air, de l'humidité et de la chaleur.

Les boutures doivent voyager pendant l'hiver et le froid, dans un emballage dont l'imperméabilité doit être proportionnelle à la longueur du voyage. J'ai reçu, du fond de l'Amérique, des boutures qui étaient restées trois mois en route, dont un mois perdues dans les neiges, et elles étaient si bien emballées dans des caisses imperméables, tapissées de papier huilé, garnies de sciure de bois et mousse sèches, qu'elles me sont arrivées aussi fraîches qu'au départ et ont repris comme si elles avaient été coupées dans mes vignes. En revanche, j'ai reçu du Japon, dans de belles caisses bien aérées, percées de trous respiratoires comme pour des animaux vivants, un envoi de vignes racinées, emballées par un marchand de soie, et qui me sont arrivées aussi capables de reprendre que des écheveaux de soie.

Pour les voyages de quelques jours, il suffit d'entourer les branches de paille, roseaux, varechs, etc., en garnissant avec de la mousse ou autres matières menues, sèches, peu perméables à l'air et à l'humidité, les extrémités des branches et surtout l'extrémité inférieure.

Pour la conservation jusqu'au printemps, il faut enterrer les branches dans du sable aussi fin, aussi coulant et aussi sec que possible. Le meilleur endroit est un local fermé ou au moins couvert, à température fraîche et constante. A défaut du local fermé ou couvert, on peut les placer contre un mur au nord, soit en les enterrant dans un fossé, si le sous-sol est bien perméable, soit en les mettant en tas recouverts d'une épaisse couche de sable et en les protégeant contre la pluie avec une couverture en planches, tuiles, paille longue, etc.

En résumé, il faut empêcher la sève de se mettre en mouvement et de se perdre avant le moment où ce réveil et cette poussée de la sève pourront être employés utilement à produire, soit des racines pour les boutures, soit de la soudure pour les greffes.

Les racines craignent le froid, la chaleur, la sécheresse et la pourriture. Telle racine qui peut, dans le sol, supporter, sans en souffrir, un abaissement de température lent et progressif jusqu'à 15 et 20° au dessous de 0, ou une sécheresse brûlante et prolongée pendant plusieurs mois, peut, au contact de l'air, être détruite en quelques minutes par un coup de gelée ou un coup de soleil. C'est là un fait po-

-sitif, qu'il est facile, mais qu'il serait trop long d'expliquer : il faut l'admettre comme règle de conduite chaque fois qu'on veut arracher, faire voyager, conserver ou mettre en place des plants racinés.

Au moment de l'arrachage, qui doit être fait autant que possible par un beau temps, il faut, à mesure que les plants sont sortis de terre, les recouvrir avec un peu de terre jusqu'au moment où ils sont ramassés et emportés, toujours couverts avec une toile, ou de l'herbe, ou n'importe quoi.

Pour les voyages, les racines doivent toujours être mises au centre de la caisse ou du ballot ; tous les vides doivent être bouchés et garnis avec de la mousse, de la sciure de bois, des balles de blé ou autres matières menues et sèches qui, toutes sèches qu'elles sont, préservent de la sécheresse, de la gelée et de la chaleur, tandis que les matières humides se gèlent et font geler les racines quand il fait froid, ou s'échauffent, brûlent et pourrissent les racines quand il fait chaud.

C'est effrayant et incalculable, le nombre de plants qui se perdent ainsi chaque année ! Je suis sur le gril chaque fois que je sens en route un envoi me venant de certaine ville du Midi, où l'on a poussé jusqu'à la dernière limite la science des emballages... destructeurs. Tantôt, ce sont des racinés dont tout l'emballage consiste en un fil de fer, une ficelle ou une branche d'osier et qui, grâce aux soins des chemins de fer, m'arrivent en vrac, bons à brûler et prêts à flamber. Tantôt, c'est une caisse remplie de paille mouillée, tellement putréfiée et échauffée par le voyage qu'elle fume à l'ouverture de la caisse et que le moindre courant d'air aurait pu y provoquer une inflammation spontanée et incendier le wagon, le train, les voyageurs, etc. Et, juste au moment où j'écris ces lignes, on m'apporte, après l'avoir sorti d'une jolie caisse, un joli glaçon, bien dur, formé d'un linge mouillé enroulant dans ses plis vingt ou vingt-cinq plants de collection, rares et précieux, qu'un de mes amis m'envoie en cadeau, hélas !... et aussi, deux fois hélas !... en échange d'un petit envoi que je lui ai fait... pour un glaçon !

Certains poissons gelés ressuscitent, dit-on, quand on les met dans la poêle à frire, mais je doute que ce procédé réussît pour les vignes. Et c'est ce qui me servira d'excuse pour m'être étendu un peu longuement sur ce sujet, qui touche quelque peu, toutefois, à la viticulture et que je termine en observant que certaines variétés, les méridionales : Jack, Herbemont, Cunningham,... sont, comme de juste, plus sensibles à la gelée que d'autres, originaires du nord : Riparia, Vialla, Solonis, etc.

La conservation des plants racinés, de l'arrachage à la plantation, diffère un peu de celles des greffons. La terre dans laquelle on les met en jauge ne doit être ni trop sèche ni trop humide, mais fraîche et sablonneuse pour pouvoir conserver la fraîcheur des racines et bien garnir les interstices qui se trouvent entre elles. Les plants peuvent être laissés dehors, parce que leur tête ne craint pas le froid, à moins que ce ne soient des plants greffés. Il ne faut cependant pas laisser les racinés en jauge jusqu'à ce que les racines aient émis de nouvelles radicelles, parce que celles-ci sont si délicates qu'il serait bien difficile de les conserver saines et utilisables pour la plantation. Pour éviter cet inconvénient, les racinés qu'on ne pourrait planter que tard doivent être placés dans une exposition plus froide, et le simple changement de place suffit pour arrêter ou retarder l'émission des radicelles.

Il est presque inutile d'ajouter que, plus les branches sont longues et mieux elles se conservent, soit pendant le voyage, soit pendant la stratification, parce que c'est surtout par les extrémités coupées que l'évaporation peut se produire. Les longues branches ont, en outre, l'avantage de fournir, presque sans perte, des boutures des dimensions désirées, et sans perte aucune, un plus grand nombre de greffons.

Mais, me dira-t-on, nous conservons nos boutures dans l'eau tout simplement, et nous nous en trouvons très bien. Moi aussi, j'ai conservé jadis des boutures tout l'hiver dans des fossés où elles étaient, pendant certains hivers, emprisonnées plusieurs fois par de la glace de 10 centimètres d'épaisseur ; je les ai même gardées quelquefois jusqu'à ce que les bourgeons fussent couverts de fleurs, et... elles prenaient quand même. Cela prouve seulement que, grâce à la vitalité de la vigne, les méthodes les plus défectueuses peuvent, parfois et par hasard, donner de bons résultats ; mais parce qu'un mauvais chasseur, avec un mauvais fusil et un mauvais chien, aura pu, dans un jour de veine, faire une chasse fructueuse, cela n'empêchera pas les bons chasseurs de préférer et d'employer les bons chiens et les bonnes armes.

Pour les plants greffés, il ne faut pas oublier que la jeune soudure est encore plus délicate, plus sensible à la gelée, à la sécheresse et à la pourriture que les racinés les plus tendres, et il faut traiter en conséquence le point sensible, le point greffé. Ce qu'il y a de mieux, c'est un local couvert, avec de la terre fraîche et légère autour des racines, du sable sec au dessus et autour de la greffe, et, au besoin, une légère couche superficielle de feuilles sèches ou de balles de blé.

Qu'on ne me dise pas que tout cela est bien difficile ; je répondrais, pour cela et pour tout ce qui va suivre, que rien au contraire n'est plus facile : ce sont de simples soins, et, en viticulture, tout est digne de soins, rien ne réussit sans soins, et les beaux et bons raisins ne tombent pas plus, sans quelques soins, du ciel dans la cuve ou dans l'assiette, que les cailles n'en tombent toutes rôties et prêtes à être mangées.

BOUTURAGES

Le procédé de multiplication de la vigne le plus ancien, le plus simple et le plus répandu consiste à mettre en terre une jeune branche pourvue de quelques œils ou bourgeons, appelée bouture et ayant la propriété d'émettre, en même temps, des racines dans le sol et des branches dans l'air. Il faut, pour cette double émission, qu'elle contienne le plus possible de la sève emmagasinée par elle l'année précédente, qui s'est endormie pendant l'hiver et se remettra en mouvement au printemps sous la double influence de la chaleur du sol l'attirant en bas et de celle de l'air l'attirant en haut.

Quand les boutures ont été stratifiées pendant longtemps dans du sable très sec, il faut, avant de les mettre en place, les faire rafraîchir, pendant quelques jours, dans l'eau, où l'on plonge les paquets jusqu'au tiers ou à la moitié de leur hauteur. Pour empêcher les boutures de se dessécher dans le sable, il a été bon, avant de les y enterrer, de plonger complétement les paquets dans l'eau ; on les laisse ensuite s'égoutter et se ressuyer pendant quelques instants ; on les met en place quand il ne reste plus qu'une petite couche d'humidité qui forme, avec le sable fin qu'elle attire et qu'elle fixe, une espèce d'enduit imperméable et conservateur. Des boutures ainsi humectées, ensablées et conservées pendant plusieurs mois ont leurs ex-trémités aussi fraîches que si elles venaient d'être coupées.

Au moment, et j'insiste : *au moment même* de la plantation, les boutures doivent être, avec un sé-cateur ou autre instrument — qui n'a pas besoin d'être bien affilé, au contraire — coupées ou rafraî-chies au dessous et aussi près que possible du nœud inférieur ; l'œil de ce nœud et les deux ou trois autres destinés à être enterrés seront enlevés, *éborgnés* avec l'ongle ou le dos de l'outil, et, pour les boutures de reprise difficile, on fera bien de gratter un peu l'écorce de chaque côté, au dessus et au dessous des nœuds, pour y faciliter la formation et l'émission des racines.

Pour la mise en terre, on emploie un grand nombre de systèmes différents, dont je ne citerai que quatre qui les résument à peu près tous :

Cheville et arrosoir. — On fait un trou avec une mince cheville, on y enfonce la bouture et on remplit le trou d'eau avec un arrosoir. Mais, pour appliquer ce système qui est le plus simple, le plus rapide et le meilleur de tous, il faut avoir, comme celui de mes boutureurs qui l'a inventé, une terre assez friable pour que le coup d'arrosoir la fasse couler de manière à combler la moitié ou au moins le tiers de la hauteur du trou. Heureux les boutureurs qui jouissent de ces sols privilégiés !

Cheville et barre. — Le trou est encore pratiqué avec une mince cheville de bois ou de fer, la bouture est enfoncée dans le trou. Reste l'opération importante de chasser complétement tout l'air qui se trouve au fond du trou, opération si bien faite par l'arrosoir, mais qui ne peut se pratiquer que dans quelques sols. Pour les autres, le meilleur moyen de bien serrer le talon de la bouture et de ne laisser aucun vide autour de lui, est d'enfoncer à 8 ou 10 centimètres du premier petit trou, une barre ou pal de fer dont l'extrémité inférieure a la forme d'un cône pointu et allongé sur une longueur d'environ 40 centimètres avec 6 et même 8 centimètres de diamètre à son plus gros renflement. Le pal est enfoncé un peu obliquement, de manière à ce que sa pointe inférieure descende un peu plus bas que la bouture, contre laquelle on pousse vigoureusement la terre comprise entre les deux trous. Dans le dernier, on peut — et on doit — mettre une pincée d'engrais chimique qui ne risque pas de brûler la bouture, dont il est séparé par une petite couche de terre bien tassée, mais que les premières radicelles trouveront à leur portée, bien dissous dans le sol ambiant, soit par l'eau d'un arrosoir, soit par celle de la première petite averse, soit par la seule humidité de la terre à cette profondeur. Ce serrage des boutures est le travail qui mérite le plus de soin et de régularité ; il faut en charger un ouvrier spécial, adroit et appliqué.

Raies à la bêche. — Avec une bêche plate et longue, on fait, tout le long du cordeau, une fente dans le sol, assez profonde pour y enfoncer les boutures. On place ensuite, à 6 ou 8 centimèt. à côté, la bêche inclinée et enfoncée comme la barre et on serre vigoureusement la tranche de terre contre les bou-tures. Cette seconde raie peut recevoir l'engrais et l'arrosage comme les trous décrits ci-dessus. Procédé assez expéditif, mais où le placement, l'espacement et l'enfoncement régulier des boutures offre quelques difficultés.

Fossés doubles ou simples. — On creuse d'avance des fossés de 30 à 35 centimètres de profondeur, de 20 à 25 de largeur au fond avec un léger talus leur donnant de 30 à 35 cent. de largeur en haut, espacés entre eux de 50 à 60 centimètres au moins, pour le dépôt de la terre extraite et pour les travaux futurs. Ces fossés peuvent être ouverts plusieurs jours à l'avance, ce qui permet à la chaleur du soleil et de l'air de réchauffer le fond du sol, et on peut y semer d'avance une mince couche d'engrais chimique.

Pour la plantation, un ouvrier marche dans le fossé, en plaçant, à 8 ou 10 centimètres les unes des autres, une bouture d'un côté, une de l'autre, en entrecroisant et coudant, au besoin, leurs extrémités inférieures, qu'il serre sous ses pieds avec 5 ou 6 centimètres de terre friable que lui jette un ouvrier marchant à reculons devant lui. Un troisième ouvrier suit derrière, sème sur la petite couche de terre une mince couche d'engrais et achève de combler le fossé, en redressant et espaçant régulièrement l'extrémité supérieure des boutures.

C'est le système que j'emploie le plus souvent, parce qu'il rend la plantation très rapide ; qu'il permet, avec deux ou trois ouvriers adroits chargés de placer les boutures, d'en employer beaucoup de moins adroits à des opérations accessoires ; qu'il facilite les irrigations et les arrachages, et qu'il me donne d'excellents résultats comme reprises et comme beauté de racines.

On peut aussi planter dans des fossés simples, avec un seul rang de boutures contre un seul talus, — celui du nord, — légèrement incliné, en recomblant chaque fossé avec la terre extraite du fossé suivant et en laissant un petit ados entre chaque rangée. C'est le procédé employé dans le Rhône, surtout pour la plantation des greffes-boutures. C'est excellent, mais il exige des ouvriers aussi adroits que les vignerons du Beaujolais et des sols aussi précieux et aussi rares à trouver que les bons ouvriers.

Buttage. — On ne devrait laisser passer qu'un seul œil hors de terre, pour en avoir des jets plus vigoureux ; on en laisse le plus souvent deux, par excès de précaution, parce que deux sûretés valent mieux qu'une et qu'on aime avoir deux cordes à son arc ; mais c'est le maximum d'une plantation bien faite. Quoiqu'on ait laissé au dessus de l'œil supérieur autant de bois que possible, il est bon de recouvrir cette extrémité de la bouture d'une mince couche de terre qui forme, soit un ados prolongé, si c'est en pépinière, soit de petites buttes rondes et isolées, si la plantation est espacée. Cette précaution, utile pour les boutures ordinaires, est absolument indispensable pour les boutures greffées.

Distances. — On peut planter les boutures très serrées dans le rang jusqu'à 5 ou 6 centimètres les unes des autres ; j'ai adopté 8 à 12, soit une moyenne de 10 centimètres. L'écartement entre les rangs doit être suffisant pour les travaux de binage, sarclage, arrosage et arrachage, soit 40 centimètres au moins, et plutôt plus que moins. On arrive ainsi à planter de 250 à 300 mille boutures à l'hectare ce qui est un joli chiffre.

Longueur des boutures. — On a démontré que la meilleure bouture était celle d'un œil, parce que c'est celle qui émet les racines les plus fortes et les plus plongeantes, et qui ressemble le plus à un plant de semis, grâce à la quasi-similitude entre un œil et un pépin. Celle de deux œils vient ensuite, puis celle de trois et ainsi de suite en diminuant de qualité à mesure que la longueur augmente. Beaucoup de viticulteurs, soit par routine, soit en invoquant d'autres prétextes plus ou moins erronés tirés de la nature du sol, du climat, etc., persistent à croire que, plus une bouture est longue, mieux elle vaut. C'est une erreur. Les boutures longues reprennent, il est vrai, plus facilement, parce qu'elles craignent moins la sécheresse ; mais les sujets qu'elles donnent ne valent pas ceux obtenus avec des boutures courtes.

Malheureusement les boutures très courtes ne peuvent s'enraciner qu'en serre, ou avec des installations spéciales, ou dans des sols exceptionnels. Dans la pratique, et dans les bonnes terres ordinaires, les bons boutureurs emploient des boutures ayant environ 20 centimètres avec au moins deux œils et plus souvent trois, dont deux en terre et un hors de terre. Mais les bons boutureurs sont encore rares et on peut compter parmi eux ceux qui vont jusqu'à 30 ou 35 centimètres, tandis que la plupart des autres s'acharnent encore après de plus grandes longueurs. On ne doit jamais laisser plus de deux œils hors terre.

Grosseur des boutures. — On discute depuis longtemps et on discutera longtemps encore cette question : quelles sont les meilleures boutures, les grosses ou les petites, celles du talon, du milieu ou de la pointe ? Un fait certain, c'est que les petites boutures sont celles qui s'enracinent le plus facilement. Un autre fait certain, c'est que les boutures transmettent à la souche qu'elles produisent les qualités de la souche et même de la branche d'où elles viennent et dont elles ne sont que la continuation. La sélection des boutures est une des questions les plus importantes et les plus intéressantes de la viticulture... et il faudrait une journée pour la traiter.

Époque des bouturages. — Il faut que la température de l'air et surtout celle du sol soient assez échauffées et assez constantes pour réveiller la sève et l'attirer en haut, afin qu'elle émette des feuilles, et surtout — ce qui est bien souvent plus difficile — en bas, pour émettre des racines. Cette époque varie naturellement suivant les régions, mais elle est toujours vers la fin de l'hiver et le commencement du printemps, au plus tôt en mars et au plus tard en mai.

Travaux d'entretien. — Ils consistent à tenir la terre toujours propre, un peu aérée à la surface et fraîche en dessous ; ce qui nécessite : 1° des sarclages qu'il faut faire chaque fois qu'on aperçoit une mauvaise herbe ; 2° des binages superficiels qui équivalent à des sarclages et qu'on peut opérer, soit avec des pioches plates ou dentées, houe, harpe, béchard, esterpe, faissou... soit avec des racloirs comme ceux des jardiniers, soit avec de petites bineuses à bras ; 3° les arrosages, qui sont nécessaires quelquefois, mais qu'il ne faut pas prodiguer et dont les meilleurs sont ceux qui se font par infiltrations souterraines. La plupart des détails ci-dessus, donnés spécialement pour les bouturages en pépinière, sont applicables à la plantation des boutures à reprise facile, mises en place définitive pour la création d'une vigne.

MARCOTTAGE

Le marcottage a pour but l'enracinement de branches non séparées de la souche mère. C'est le meilleur moyen de multiplier les variétés plus ou moins rebelles au bouturage quand on en possède déjà des souches un peu fortes.

Je ne parlerai : ni du provignage proprement dit, qui est employé pour remplacer, entretenir ou renouveler les vignes, soit en enterrant complètement les vieilles souches pour les transformer en plusieurs branches jeunes, soit en couchant simplement une branche pour faire un remplacement; ni du marcottage en corbeille, en serpent, en arceaux, en versadi, etc., auxquels je préfère le marcottage multiple ou chinois, le seul que j'emploie depuis longtemps.

On choisit sur une souche une ou plusieurs branches, longues, vigoureuses et aussi basses que possible. Au-dessus de chaque nœud ou de chaque paire de nœuds, on serre le bois avec un anneau du plus petit fil de fer. Cette opération préliminaire peut se faire d'avance non-seulement en hiver, mais même dès l'automne et mieux encore dès l'été précédent; parce qu'elle produira un petit étranglement, renflement, bourrelet, favorable à l'émission future des racines. On peut également, dès la fin de l'automne et pendant tout l'hiver, étendre les branches horizontalement sur le sol préalablement travaillé, fumé et préparé pour l'enracinage.

Pour la mise en terre, il y a deux procédés : le premier s'applique un peu avant le réveil de la végétation, pour ne pas s'exposer à endommager les petits bourgeons, qui, à leur sortie de l'œil, sont fragiles comme verre. Avec une petite pioche en forme de feuille de mûrier ou de Cordifolia, on creuse une petite rigole de 8 à 12 centimètres de profondeur, droite, sinueuse, arrondie, recourbée, suivant la longueur ou les contours de la branche à enterrer, et la place disponible. Au fond de ce petit fossé, on fixe la branche avec de petits crochets de bois placés au milieu des mérithalles. On laisse à la pluie et au vent le soin de combler petit à petit ces fossés à mesure que s'allongeront les petites branches sorties des bourgeons, et, si la pluie et les vents ne complètent pas leur travail en temps utile, un premier petit piochage, pratiqué quand toutes ces branches ont quelques centimètres au dessus du sol, achèvera le comblage des fossés et le nivellement du sol.

Ce procédé, qui est le plus simple, le plus facile et le plus rapide, a un petit inconvénient : un certain nombre d'œils, la moitié environ, se trouvant tournés et appuyés contre le sol, ne pourront se développer; et ceux-là seuls qui se trouvent sur la partie supérieure de la branche enterrée donneront des plants ayant branches et racines.

Le second procédé — dont je suis, paraît-il, quelque peu l'inventeur, quoique tout marcotteur ait pu et même dû l'inventer comme moi — a pour but et pour résultat de supprimer l'inconvénient dont je viens de parler et d'obtenir de chaque branche marcottée autant de plants racinés qu'elle a d'œils enterrés. Il est un peu — mais très peu — plus long et plus difficile que le précédent, dont il diffère surtout par l'époque de la mise en terre de la branche à marcotter. Pour faire cette opération, on attend que tous les bourgeons de cette branche se soient développés à une longueur de 15 à 20 centimètres, et pour que tous ces bourgeons, sans exception, aient pu se développer, il faut que les œils inférieurs de la branche horizontale ne soient pas appuyés et écrasés contre le sol. On étend la branche à quelques centimètres au dessus du sol — 2 ou 3 suffisent — soit sur de petites fourches, soit sur de petites pierres, soit de petits morceaux de bois placés en travers, tout en la maintenant, de distance en distance, avec les crochets de bois qui serviront plus tard à la fixer définitivement au fond du petit fossé. Tous ces bourgeons, placés dans des conditions identiques, ne tardent pas à partir avec une régularité militaire ; ceux qui partent des œils placés en dessous, se hâtent de faire un demi-tour à droite ou à gauche de la branche et de venir s'aligner, à peu de chose près, avec leurs camarades du dessus. Quand toute la file a de 15 à 20 centimètres de haut, c'est le moment de procéder à la mise en terre ; pour cela, un ouvrier enlève les crochets et soulève les branches, pendant qu'un autre ouvrier creuse la petite rigole bien à la place qu'occupait la branche ; puis tous deux placent et fixent soigneusement la branche au fond de la rigole, en ne cassant aucun des bourgeons qui ont déjà une force suffisante de résistance. On peut supprimer avec l'ongle les petites feuilles et, hélas ! les quelques petites fleurs qui se trouvent dans le fossé avant de recombler celui-ci et de tasser un peu la terre avec le pied entre les petits plants bien dressés.

Ces branches ont tout le temps, depuis le commencement ou le milieu du printemps, d'émettre abondamment de nombreuses et vigoureuses racines, et, quoique enterrées peu profondément, elles risquent peu de la sécheresse : d'abord, parce que la souche-mère leur envoie une sève rafraîchissante, et ensuite et surtout, parce qu'elles se hâtent d'émettre des racines plongeantes qui vont trouver la fraîcheur dans les couches profondes du sol, et qui donnent à ces marcottes d'un œil, les qualités et les avantages des boutures d'un œil et des plants de semis.

On a fait et on fait peut-être encore des marcottages d'été et d'automne avec des pousses herbacées de l'année qui émettent rapidement de nombreuses racines. Je n'ai pas essayé ce procédé dont je me méfie chez moi, pensant que ma région et mon sol ne sont pas assez chauds pour qu'il y donne de bons résultats et dont je me méfierai, chez les autres, jusqu'à ce qu'il ait fait ses preuves.

Les jeunes plants de marcotte portent immédiatement de nombreux et beaux raisins comme les meilleures branches laissées en l'air sur la souche. Quant à leurs qualités, c'est une autre affaire, car, malgré le concours de la souche-mère, ce sont plutôt des raisins de jeunes plantiers que des raisins de vieille vigne.

Y a-t-il avantage, dans l'intérêt des marcottes, à supprimer ces raisins ? Je l'ignore encore, et cependant j'ai eu la vertu ou la bêtise, en tout cas le courage, d'enlever, cette année, avec mes ongles ou avec ceux de mes ouvriers, quelques centaines de grosses fleurs sur des marcottes de... Black Défiance !... J'étais tellement sûr, en théorie, que cette suppression augmenterait la vigueur et la valeur de mes plants, que j'avais donné l'ordre de n'en point laisser ; puis le courage m'a manqué et je suis revenu, en courant, donner contre-ordre et sauver quelques douzaines de grappes. Et, pour tout résultat, je n'ai pu constater aucune différence dans la vigueur et le développement des plants qui avaient ou n'avaient plus de raisins. La théorie n'en subsiste pas moins et je suis tenté, quand même, de croire qu'elle a raison.

Une branche peut donner facilement 20, 25 plants et même plus ; une seule souche peut fournir plusieurs branches. Grâce aux petits anneaux de fil de fer qui forcent bien vite les jeunes plants à se suffire jusqu'à un certain point à eux-mêmes sans demander trop de secours à leur mère, celle-ci n'a pas l'air de trop souffrir de ces nombreux nourrissages ; mais il ne faudrait pas trop abuser de sa complaisance et de sa bonne volonté, et j'ai constaté souvent que les souches auxquelles j'avais demandé de trop nombreux et trop fréquents marcottages n'avaient pas la même vigueur que celles qui n'avaient eu à s'occuper que d'elles-mêmes.

PLANTATION DES RACINÉS, FRANCS DE PIED ET GREFFÉS

Avant de planter les racinés, il faut les avoir arrachés, et si l'arrachage a été mal fait, la plantation s'en ressentira longtemps, peut-être toujours. Un plant bien arraché est celui qui a toutes ses racines intactes et entières. Le meilleur, j'allais dire le seul outil pour ce travail est la bêche américaine (pas la prussienne, qui coûte moins cher et ne vaut rien), à 4 ou 5 dents, longues, minces et pointues, méplates ou carrées, à angles émoussés qui ne coupent ni n'éraillent les racines. Quand la terre entourant les plants a été soulevée profondément, on saisit ces derniers et on extrait ceux qui viennent sans résistance. Quant à ceux qui résistent, il faut chercher quelle est la racine qui les retient, et tâcher de dégager cette racine : mais il ne faut jamais, quand une ou plusieurs racines refusent de venir, saisir avec la main et tirer le plant lui-même, et à plus forte raison un greffé au dessus de la soudure, car telle racine qui est dure et incassable comme une ficelle neuve se détache du tronc avec une déplorable facilité, et telle soudure bien reprise sera décollée par une traction maladroite ou une secousse latérale. Il faut donc saisir ellemême la racine qui résiste, la suivre à la main aussi loin que possible du tronc et si, à la fin, elle s'obstine jusqu'à casser plutôt que de lâcher, on en a du moins sauvé une longueur suffisante pour que le raciné ne soit ni estropié, ni compromis.

On voit que je ne suis partisan, ni du massacrage, ni du rognage, ni surtout de la suppression complète et absurde de toutes les racines. On peut, pour faciliter la plantation dans les trous, raccourcir les plus longues à 30 et même 20 centimètres ; on doit rafraîchir, avec un instrument bien tranchant, les extrémités de toutes celles qui ont souffert d'une cause quelconque ; mais on ne doit jamais oublier que les racines sont : d'abord, un magasin de sève accumulée qui entretiendra, pendant quelque temps, la fraîcheur et la vie du jeune plant, et ensuite des pourvoyeuses de sèves futures qui en trouveront et en fourniront d'autant plus qu'elles seront plus nombreuses et plus longues.

Les racinés se plantent en trous ou en fossés. Les trous doivent avoir au moins 40 centimètres de diamètre au fond ; mais 50 ou 60 centimètres ou plus valent encore mieux. Ceux qui plantent des racinés à la cheville feraient mieux de planter des choux. On fait généralement les trous carrés, je ne sais pourquoi, car ils sont autant ou plus faciles à faire ronds, et plus commodes pour la plantation. Plus on les creuse profonds, mieux cela vaut, surtout quand le sous-sol est mauvais et qu'on le remplace par du bon et qu'on y ajoute une bonne dose d'engrais ; car on doit employer tous les moyens pour décider une partie des racines à plonger dans les profondeurs du sol, où elles trouvent toujours une humidité suffisante pour remplacer les évaporations de la partie aérienne pendant les plus fortes sécheresses.

Pour mettre le plant en place, ce qu'il y a de mieux, c'est d'avoir planté d'avance, au milieu de chaque trou, tous les piquets, bien alignés et espacés dans les divers sens, aux distances qu'on a fixées. On peut aussi tracer d'avance, au cordeau, de petites raies superficielles : soit quadrillées dans les deux sens et on place le piquet — ou le plant — au point visuel de leur intersection ; soit dans un seul sens et l'on peut prendre l'autre alignement au cordeau, ou même se passer, comme beaucoup de vignerons, du double alignement.

Le plant lui-même ne doit pas être enterré très profond : 30 centimètres suffisent largement, et même 20 centimètres et même moins, pourvu que les racines aient une direction plongeante plus ou moins allongée en profondeur. Pour les plants à tronc très court, on dresse d'abord, au centre du trou, une petite butte conique sur laquelle on étale les racines, comme pour une greffe d'asperge. Dans tous les cas, les racines doivent être soigneusement étalées dans tous les sens, recouvertes d'une couche de quelques centimètres de terreau ou de terre friable et pas trop humide que le planteur, à qui un autre ouvrier la fournit, arrange au besoin avec la main et foule toujours fortement avec les pieds.

C'est là le premier travail, le plus important et celui des meilleurs ouvriers. Il ne reste plus qu'à mettre une couronne d'engrais tout le tour au fond du trou, aussi loin que possible du tronc, puis à combler ce trou, ce qui n'est ni très difficile, ni très urgent et peut se faire successivement.

Ce que je viens de dire de la longueur variable des troncs ne s'applique qu'aux plants francs de pied, qu'on peut planter plus ou moins profondément, parce qu'on peut enterrer une portion du bois de l'année aussi bien que celui des années précédentes. Mais, pour les plants greffés, la profondeur est réglée par le point de soudure et la hauteur fixe qu'il doit toujours occuper par rapport au niveau du sol. Ceux qui, comme moi, tiennent à pouvoir toujours voir leurs greffes et à les mettre à l'abri de tout affranchissement, les placent un peu au-dessus du niveau du sol. Pour accélérer et régulariser ce travail, le mieux est d'avoir une petite règle à peu près droite, un peu plus longue que le diamètre du trou, en travers duquel on la pose sur le sol ; puis on maintient le point de soudure un peu au-dessus d'elle et un peu plus haut qu'il ne doit être plus tard, parce qu'il faut tenir compte du tassement de la terre et de l'abaissement du plant qui en résultera.

Buttage. — Je n'ai jamais parlé de la plantation des plants greffés, boutures et racinés, sans recommander le buttage comme une opération tout à fait indispensable pour obtenir un succès complet. Ce qui est vrai pour les plants greffés et non encore soudés, l'est encore pour les plants soudés et racinés que l'on plante en place définitive. La soudure qui, toute bien soudée qu'elle soit, n'est, souvent, pas complètement lignifiée dès la première année, a besoin d'être protégée, pendant quelque temps encore, contre le contact de l'air et les brusques changements de température. La petite butte de terre légère doit donc recouvrir de plusieurs centimètres le point greffé et au moins le premier œil inférieur du greffon, et c'est toujours une bonne chose qu'elle dépasse de deux ou trois centimètres l'œil supérieur du greffon, qu'elle protégera contre la sécheresse et les coups de soleil, sans l'empêcher, au contraire, de se développer en soulevant ou en écartant cette mince couche de terre légère qui lui servira d'abri, mais non d'obstacle.

Indispensable pour les plants greffés et soudés, le buttage est aussi fort utile même aux plants francs de pieds, dont il protège les œils ou les jeunes bourgeons : dans la plantation d'automne, contre les brusques gels et dégels successifs, et dans celle de printemps, contre les premiers coups de soleil.

Il est presque inutile de dire, et cela s'explique tout seul, que les buttes doivent être un peu plus hautes pour les plantations d'automne que pour celles de printemps.

Epoque de la plantation. — Plus tôt on plante les racinés, après l'arrêt de la sève en automne, mieux cela vaut, mais à une condition *sine quâ non* : il faut que le sol soit profond, perméable, prompt à s'échauffer et surtout prompt à s'égoutter. J'ai, dans des terrains peu semblables à celui-là, des trous de remplacements, ouverts depuis le commencement d'octobre — car on ne peut jamais faire ses trous trop tôt — ; à chaque ondée, ils se remplissent d'eau et cette eau ne disparaît guère que par évaporations ; ils ne sécheront pas à fond avant le mois de mars ou d'avril et, si je les plantais avant ce moment là, j'aurais dix chances d'insuccès contre une de réussite.

On peut donc, suivant les sols et les climats, planter les racinés depuis le milieu de l'automne jusqu'au milieu du printemps. Mais on ne doit jamais, ni les planter, ni même les remuer, quand il gèle ; on ne doit jamais les exposer que le moins possible au contact prolongé de l'air et surtout aux rayons du soleil ; et l'on doit toujours avoir l'œil à ce que les planteurs ne laissent pas les plants, soit apportés à la vigne sans être abrités, soit semés par centaines le long des trous, exposés aux vents et au soleil pendant plusieurs heures. Et ce sont justement ceux qui ont négligé ces précautions élémentaires et indispensables qui s'étonnent ensuite que tous leurs plants n'aient pas repris à souhait et prospéré à merveille ; et, qui pis est, ils adressent des reproches à leurs fournisseurs qui n'en peuvent mais.

Distances. — Elles sont fort variables suivant les régions et leurs usages, les variétés et leur développement. Les deux limites extrêmes pour les distances et pour les souches me semblent être : un mètre en tous sens, soit 10,000 souches à l'hectare, et c'est un maximum de nombre qu'il vaut mieux ne pas atteindre que dépasser ; 2 mètres en tous sens, soit 2,500 souches à l'hectare, ce qui est à la fois un minimum de nombre et un maximum de distance plus que suffisante pour les variétés les plus exubérantes.

Entre ces deux extrêmes, il y a de la marge ; mais les habitudes locales, qui ne se sont jamais établies sans quelques raisons, conservent une influence prépondérante sur les distances de chaque région. Dans la mienne, on plantait autrefois à 2 mètres ou 2 m., 50 entre les rangs et à environ 1 mètre dans le rang, soit 5 ou 4,000 souches à l'hectare. J'ai continué le même système et je m'en trouve bien, parce qu'il facilite les labourages et autres travaux intercalaires, et surtout parce qu'il facilite, en diminuant les frais, le palissage en fils de fer qui est le meilleur système pour la conduite des vignes en taille longue, indispensable pour beaucoup de variétés et avantageux pour presque toutes.

Labourages et binages. — Plus on donne de façons à la vigne, plus on maintient soulevée et aérée la couche superficielle du sol, plus on enlève, à mesure qu'elle apparait, toute mauvaise herbe, et mieux cela vaut pour la quantité et la qualité de la vendange. Chaque région a ses outils viticoles : charrues vigneronnes, butteuses, déchausseuses, bineuses, houes, herses, rouleaux... et ses divers travaux de labourage, binage, attachage, épamprage .. qui varient suivant les sols, les climats, les modes de plantation, les exigences des cépages... Le mieux est de prendre pour point de départ ces usages locaux en les perfectionnant et en les améliorant.

Engrais. — Les plus avantageux comme prix, comme économie de transport, d'épandage, d'enfouissage et comme résultats obtenus, sont les engrais chimiques, composés principalement : de phosphates qui agissent plus spécialement sur le système radiculaire, d'azote qui produit les branches et les feuilles et dont les vignes ont moins besoin, parce qu'elles en puisent une certaine quantité dans l'atmosphère ; et surtout de potasse qui est la dominante de la vigne au point de vue de la production du raisin. Les sols trop riches en azote donnent d'énormes quantités de bois difficile à mettre à fruit ; un excès de potasse, avec manque d'azote, donnerait si peu de branches et tant de raisins, que ceux-ci ne pourraient arriver à bonne fin, faute de la nourriture atmosphérique qui ne leur est fournie que par les feuilles et qui est indispensable à la formation du sucre.

L'engrais doit être enterré profondément pour ne favoriser que le moins possible la multiplication des mauvaises herbes et pour faire plonger les racines, et il faut le placer de plus en plus loin de la souche à mesure que celle-ci développe son système radiculaire, pour augmenter l'aire de nutrition de ces racines qui sentent, je crois, le fumier comme les chiens de chasse sentent le gibier et qui se précipitent de son côté pour le dévorer.

SEMIS ET HYBRIDATION

Le moyen le plus naturel, le plus simple et le plus répandu de reproduire et de multiplier les végétaux, c'est de semer leurs graines. Pourquoi n'en est-il pas de même pour la vigne ? Il y a trois raisons principales :

Les graines ou pépins des vignes cultivées ne reproduisent pas exactement leurs auteurs ; les plants de semis restent un temps indéterminé et souvent fort long avant de se mettre à fruit ; et enfin, la vigne se reproduit si facilement, si rapidement et si exactement avec la bouture ou la marcotte, que ces deux procédés ont fait mettre le premier de côté. On y revient aujourd'hui pour des raisons d'un autre ordre : la certitude de voir disparaître, sous les atteintes du phylloxéra, toutes les vignes actuellement connues de l'ancien monde, excepté dans quelques cas tellement exceptionnels qu'on peut négliger d'en tenir compte, a forcé les viticulteurs soucieux de l'avenir à chercher, soit dans les autres espèces de vignes sauvages ou cultivées que d'autres parties du monde mettaient à leur disposition, soit dans des variétés nouvelles créées ou à créer par leur industrie, des qualités de résistance ou de production qui leur permissent de lutter contre les fléaux et de produire du vin.

Cette nouvelle branche, la seule branche de salut pour la viticulture européenne a rencontré et rencontre encore une opposition, sinon inexplicable, du moins injustifiable et des obstacles inouïs et sans cesse renaissants. L'introduction et la plantation des vignes américaines sont actuellement, par des conventions internationales, par des lois et des arrêtés intérieurs, interdites partout en France et en Europe, excepté dans quelques localités, rares encore, où une faveur spéciale et difficile à obtenir les autorise, non sans une foule de restrictions. Les pépins étrangers, grâce à une savante discussion de l'Académie des sciences ayant bien voulu admettre qu'ils n'engendraient pas le phylloxéra, avaient trouvé grâce devant ces proscriptions. Jusqu'à l'an de grâce 1886, où une loi française, rendue à Paris, pour provoquer la stupéfaction et... autre chose, de nos neveux et de nos contemporains, a interdit l'introduction et les semis de pépins en Algérie, on pouvait les introduire et les semer dans toute la France, l'Europe (1), l'Afrique... Ces semis prirent une grande extension, parce que, dans toutes les régions, où sous prétexte de protec-

(1) Excepté en Suisse, où une autorisation préalable est censée devoir être demandée.

tion, les plants étrangers étaient interdits, c'était le seul moyen laissé aux viticulteurs de se procurer des cépages résistants, et aussi parce que beaucoup d'entre eux croyaient — et croient encore — qu'il suffit de semer des pépins bien sélectionnés d'une variété pour obtenir des sujets parfaitement semblables à leurs auteurs. Quelques-uns allaient jusqu'à se figurer que le semis rendrait à nos vieilles variétés de l'ancien monde une vigueur et une jeunesse perdues par le système du bouturage, grâce auquel nos plus jeunes vignes sont souvent vieilles de plusieurs siècles. Ceux qui pratiquèrent des semis avec attention s'aperçurent bien vite de leurs erreurs et purent constater : 1° que les semis de vignes du vieux monde étaient, malgré leur jeune vigueur, dévorés en une bouchée par le phylloxéra, car la vigueur et la résistance au fléau sont deux qualités fort distinctes et fort différentes ; 2° que les seuls pépins produisant des plants à peu près uniformes et identiques autant que possible à leurs auteurs étaient ceux des variétés ou plutôt des espèces ou races sauvages, types, comme le Riparia, le Rupestris, l'Æstivalis sauvage, etc., tandis que les pépins des variétés cultivées comme le Jack, l'Herbemont, le Cynthiana, etc., donnaient naissance à une foule de variétés ou sous-variétés diverses ne ressemblant que plus ou moins — ou pas du tout — à la variété semée. On a dû souvent accuser les sélectionneurs et les expéditeurs de pépins d'un phénomène qui n'est dû qu'aux lois mystérieuses de l'hybridation et de l'atavisme.

A mesure que les viticulteurs reconnaissaient que ce qu'il faut surtout demander aux semis, c'est la reproduction certaine, exacte et économique des portegreffes résistants, une autre voie nouvelle s'ouvrait devant eux pour la recherche des producteurs directs de l'avenir.

Le postulatum, — pas d'Euclide, espérons-le, — de la viticulture actuelle est une vigne dont les racines résistent aux ennemis souterrains, les feuilles aux maladies aériennes et dont les raisins soient parfaits pour la cuve et pour la table : un Cabernet, un Pineau, un Syrac, un Gamay, un Chasselas, même un Aramon, avec des racines à l'épreuve du phylloxéra ; un bon français campé sur un bon américain. Le greffage nous donne facilement, indéfiniment et pour toutes les variétés, ces phénix de la viticulture ; mais si ces phénix se produisaient et se multipliaient sans être greffés, ils feraient aux plants greffés et aux producteurs directs une vigoureuse et victorieuse concurrence, et surtout ils achèveraient rapidement la déroute de certains remèdes violents et passagers dont je me garderais bien de contester les heureux effets pour la conservation plus ou moins prolongée de quelques vieilles vignes, effets beaucoup plus avantageux toutefois pour ceux qui ont inventé, préconisé et imposé lesdits remèdes, que pour ceux ou *celles* qui ont été forcés de les subir.

Toutes les vignes cultivées que nous possédons sont le résultat d'hybridations dont les plus nombreuses et les plus anciennes sont des produits de la nature et du hasard, et dont quelques autres, plus nouvelles, mais dont le petit nombre s'accroît chaque année, ont été obtenues par des soins intentionnels, artificiels, scientifiques et intelligents.

Cette hybridation scientifique et intentionnelle peut marcher à la recherche d'un but déterminé en s'appuyant sur des principes déjà acquis et bien constatés par des faits. Le premier, c'est que tout sujet nouveau obtenu par le croisement de deux espèces ou de deux variétés possédera quelques-unes des qualités de chacun des auteurs ayant contribué à sa création. Quelles seront ces qualités et quelle en sera la proportion, c'est la part réservée au mystère et à l'inconnu, part qui est encore et sera peut-être toujours la plus grande dans toutes les questions de cette nature. Cette hérédité ne s'arrête point aux auteurs immédiats ; elle remonte indéfiniment jusqu'aux ancêtres les plus reculés, dont une ou plusieurs qualités, après avoir disparu pendant de longues générations, peuvent renaître ou se réveiller chez un de leurs descendants. C'est l'atavisme.

Un autre principe plus important encore au point de vue du résultat à obtenir, c'est que ces qualités conservées et transmises par l'hérédité et l'atavisme, ne se reproduisent point en mélange, en fusion, de manière à ce que chacun des organes du nouveau végétal renferme un peu de toutes ces qualités. C'est souvent le contraire qui a lieu : les qualités spéciales des divers ancêtres se concentrent et se localisent dans les divers organes de leur héritier, de manière à former, suivant la comparaison exacte et imagée de M. Naudin, une mosaïque de pièces diverses, distinctes et juxtaposées.

Quoi d'étonnant, d'ailleurs, de retrouver dans les vignes une loi dont nous trouvons chaque jour des exemples et des preuves dans notre propre espèce ? Combien de fois n'entend-on pas dire d'un enfant qu'il a les yeux de sa mère, le nez de son père, les cheveux de sa grand'mère, le front de son grand-père ! Voilà une vraie mosaïque. Chez un autre, on retrouve l'amour de la chasse, l'ardeur à la marche, l'intrépidité belliqueuse de quelque aïeul dont la vigueur et la bravoure avaient un peu sommeillé pendant une ou deux générations. Toutes les qualités de l'esprit, du cœur et du corps : intelligence, taille, mémoire, finesse de mains, sens musical, cambrure du pied, aménité de caractère, légèreté à la danse... se transmettent ainsi, parfois par sauts de plusieurs degrés, et vont se localiser et se juxtaposer par fragments dans les divers organes d'un héritier. Qui de nous n'en pourrait citer de nombreux exemples pris dans sa famille? Une de mes filles a eu, dès son berceau, une ressemblance frappante avec mon grand-père. Moi-même, j'ai hérité de mes deux grands-pères une horreur profonde pour le fromage, par dessus la tête de mon père et de ma mère qui ont, à leur tour, transmis, par dessus ma tête, à leurs petits enfants, le goût de ce mets trop parfumé. C'est un exemple d'atavisme que je ne donne que parce qu'il est le plus fréquent chez les vignes, où les semis de seconde et de troisième génération sont ceux qui ont le plus de chance de reproduire et de localiser par fragments les qualités spéciales des espèces ou des variétés ancestrales. Voici un exemple plus étrange encore d'hérédité fragmentaire localisée dans un organe. J'ai connu une nombreuse famille où, de génération en génération, tous les hommes, et rien que les hommes, ont toujours six doigts à chaque pied, six doigts parfaitement conformés, qui n'ont pas empêché plusieurs d'entre eux de faire leur chemin dans l'armée et dans les administrations. Je souhaite aux hybrideurs viticoles de trouver un Rupestris ou un Æstivalis sauvage jouissant du même privilège.

Les habiles et heureux hybrideurs des États-Unis pourraient certainement, parmi les innombrables hybrides obtenus par eux artificiellement, nous fournir de curieux exemples de transmissions analogues. Malheureusement, leur but intentionnel n'était pas de donner à des raisins francs de goût des racines résistantes, et ils cherchaient bien plutôt à transmettre à nos raisins européens : Chasselas, Black-Hambourg, etc., la beauté des grains et surtout le délicieux parfum de leurs Concord, Martha, Catawba et autres Labrusca. Ils ont cependant obtenu, par hasard peut-être, des variétés dont les raisins se sont rapprochés des nôtres tout en gardant les qualités héréditaires de leurs racines. Nos rares hybrideurs français ne s'étaient point non plus, jusqu'à ces derniers temps, occupés du point spécial qui nous intéresse actuellement. Les beaux ou bons raisins créés par MM. Vibert, Robert-Moreau, Courtiller, Malingre, Jacques et autres, ne sont que des semis de Viniféra, exécutés dans l'espoir de découvrir des variétés nouvelles.

Les résultats les plus remarquables, les plus probants et les plus encourageants sont ceux qui ont été obtenus par MM. Louis et Henri Bouschet. Ils poursuivaient un but bien déterminé et bien localisé : donner de la couleur aux raisins des cépages méridionaux, qui en manquent plus ou moins, en leur infusant le sang — c'est bien le vrai mot — du Teinturier mâle, et sont arrivés à créer, par des hybridations successives et réitérées, cette remarquable famille des Teinturiers-Bouschet : Alicante-Bouschet, Aramon-Bouschet, Aspiran-Bouschet, Carignan-Bouschet, Morrastel-Bouschet, Terret-Bouschet, Piquepoul-Bouschet, Muscat-Bouschet, Cinsaut-Bouschet, Espar-Bouschet,... qui, tout en gardant les raisins, les feuilles et les autres qualités de leurs mères, y ont ajouté la couleur étrange et caractéristique de leur père, grand-père ou arrière grand-père, le Teinturier.

Ce que MM. Bouschet ont obtenu pour les raisins, d'autres l'obtiendront pour les racines, pour les feuilles, pour n'importe quel organe dans lequel ils chercheront, avec intelligence et surtout avec patience et persévérance, à localiser et à fixer quelque qualité spéciale d'un ancêtre. Si j'avais vingt-cinq ans de moins — et vingt-cinq mille livres de rente de plus — je passerais ma vie à préparer, à semer et à étudier les hybrides de l'avenir.

Ceux qui voudront entrer dans cette voie, riche d'espérances — et aussi de déceptions — devront, pour les opérations préparatoires de l'hybridation artificielle, consulter les savants ouvrages de MM. Foëx, Millardet, Pierre Viala, etc. Il ne me reste plus — et j'aurais bien dû m'en tenir là — qu'à donner aux semeurs de pépins quelques indications sur la manière d'en obtenir des plants.

Les pépins se récoltent, se préparent, se conservent et se sèment comme la plupart des graines d'arbustes. Il faut récolter les raisins bien mûrs et bien sélectionnés. Si les grains sont très petits, comme dans les Riparias, Rupestris, etc., on peut faire sécher les grains entiers; mais c'est un travail assez long et inutile. Il vaut mieux donner un petit coup de pressoir, et mieux encore faire subir aux raisins une cuvaison qui n'enlève en rien les propriétés germinatives des pépins, qui facilite leur séparation d'avec les pulpes et les pellicules et qui surtout permet de les laver plusieurs fois à grande eau dans une cornue, en enlevant tous ceux qui surnagent ou restent entre deux eaux et en ne conservant que ceux qui tombent au fond et qui ne forment parfois que la minorité. Après les avoir bien complètement séchés, on les conserve dans des sacs ou des caisses, ou en tas, comme du blé.

Les pépins de toutes les variétés ne germent pas avec une égale facilité : les uns, comme le Rupestris, le Riparia, lèvent, une fois en terre, aussi facilement que les radis ; d'autres, par exemple les Æstivalis : Cynthiana, Herbemont, Jack... sont aussi rétifs à la germination qu'au bouturage. J'en ai vu, de ceux-ci, rester en terre pendant un an sans donner signe de vie et sortir, l'année suivante, aussi serrés et aussi vigoureux que de la mauvaise herbe. Ceci indique qu'il faut donner à ces pépins rétifs quelques soins préparatoires dont le meilleur est une stratification plus ou moins prolongée — de deux ou trois jours à trois ou quatre semaines — dans du sable humide et tiède. Quelques habiles y ajoutent des solutions alcalines destinées à activer la germination. Je ne les indique pas, parce que je les ai oubliées, et je les ai oubliées parce qu'elles ne m'ont pas réussi. Après tout, c'était peut-être ma faute et il me semble que l'idée n'est pas mauvaise en théorie.

Les pépins se mettent en terre à la fin de l'hiver ou au commencement du printemps dans un sol bien préparé, bien amendé et bien ameubli. Les petites rigoles varient de profondeur -- de 3 à 8 centimètres suivant la nature du sol et le climat, et elles doivent être espacées de 40 ou 50 centimètres au moins, pour faciliter les piochages, binages, arrosages et le développement des racines. Il vaut toujours mieux, pour les semis comme pour toutes les plantations, serrer un peu plus les plants dans le rang et espacer les rangs.

En attendant la levée des plants, qui doit avoir lieu au bout de quinze à vingt-cinq jours, il faut maintenir la surface du sol fraîche et non serrée, soit par des arrosages fréquents, soit par une couche de mousse ou de paille menue. Une fois les plants sortis, il faut les traiter comme tous les autres jeunes plants, les tenir à l'abri des mauvaises herbes, donner de l'air et de la chaleur à la surface du sol par des binages, donner de la fraîcheur aux racines par des arrosages ou mieux des irrigations. Si les jeunes plants sont trop épais, ce qui arrive souvent — et on ne sait s'il faut s'en plaindre — il faut, bon gré mal gré, les éclaircir en sacrifiant les plus faibles, mais on peut repiquer ceux-ci dans un autre carré, avec les soins et la rapidité qu'exige toute transplantation faite en été.

Ces jeunes semis poussent souvent, dès les premiers mois, d'une manière étonnante et il n'est pas rare de voir leurs branches grêles et longues de plus d'un mètre couvrir le sol en tous sens et y maintenir elles-mêmes la fraîcheur dont leurs pieds ont besoin. On peut, dès l'automne et dès le printemps suivant, en utiliser un grand nombre, soit pour des plantations en place, soit même pour des greffages, quand ils ont, comme le Rupestris, la propriété de grossir très vite au collet, qui est juste le point à greffer. En tout cas, et à moins que le semis ne soit excessivement clair, ils doivent tous être repiqués, soit en pépinière, soit en place définitive, dès la fin de la première année.

Ceux qui cherchent des variétés nouvelles peuvent bien, dès cette première année, risquer quelques remarques et quelques observations sur les jeunes plants qui leur sembleraient avoir quelques caractères spéciaux. Mais je les préviens que la plupart de ces caractères, surtout les formes des jeunes feuilles, qui sont souvent dentelées, échancrées, persillées, disparaîtront, se modifieront, se retourneront et n'arriveront parfois à se fixer d'une manière définitive qu'au bout de plusieurs années. Ceci s'applique surtout aux produits des variétés cultivées, qui sont toutes le résultat d'un plus ou moins grand nombre d'hybridations et dont les enfants ont l'air de chercher, dans la série de leurs ancêtres inconnus quel est celui auquel ils ressembleront ou quels sont ceux dont ils emprunteront le nez, la bouche... je me trompe, les feuilles, les raisins, ou autre chose.

Pour les variétés sauvages, une plus grande uniformité, souvent presque parfaite, règne dans la jeune famille; les caractères moins compliqués des ancêtres sont reproduits avec une exactitude et une fidélité suffisantes pour les faire reconnaître; et si, parmi les nouveaux venus, il s'en présente quelques uns ayant des traits différents et bien tranchés, il faut supposer, ce qui peut toujours arriver, qu'un pépin étranger, mélangé par erreur, apporté dans l'engrais ou même par un oiseau, s'est glissé dans le semis; mais on peut espérer aussi qu'il est l'heureux résultat de quelque hybridation naturelle et cette seule chance suffit pour qu'il mérite une certaine attention.

Il y a encore là, à côté des hybridations savantes et intentionnelles, une série de découvertes que le hasard et la nature offrent aux observateurs soigneux et attentifs.

Qu'on me permette toutefois de signaler un petit nuage que j'ai cru voir à l'horizon. Les hybrideurs de l'avenir me semblent un peu trop disposés, pour déblayer la place devant leurs créations futures mais contingentes, à dénigrer nos ressources actuelles et assurées. Ceux-là feraient fausse route, qui, trop confiants dans un avenir peut-être lointain et toujours incertain, se croiseraient les bras sans rien faire en attendant l'arrivée des phénix promis et espérés. Je suis bien convaincu qu'ils finiront par nous arriver et que, nous ou nos enfants, nous verrons de belles réalités récompenser nos belles espérances. « Mais les espérances, très vagues encore, qu'on peut fonder sur des tentatives de cette nature ne « doivent modifier en rien, pour l'instant, la marche suivie dans la reconstitution pratique des vignobles. » Voilà le sage conseil que donne M. Pierre Viala, et que je recommande à tous les viticulteurs pratiques qui se contentent des *Tiens* en espérant les *Tu l'auras*.

GREFFAGES

Je n'entrerai dans aucun détail pratique sur les opérations du greffage de la vigne, cela m'entraînerait trop loin. J'ai publié, il y a bientôt dix ans, sur ce sujet spécial, un gros traité dont le principal mérite était d'arriver premier, ce qui a valu à sa première édition la faveur d'être enlevée et épuisée en un clin d'œil. Quand paraîtra la seconde? Au premier jour… où j'aurai le loisir, non encore trouvé, de la compléter et de la mettre au niveau des progrès accomplis depuis lors. D'ailleurs les traités de greffage ne manquent pas et je suis heureux de pouvoir dire qu'il y en a de très bien faits, notamment le petit Manuel de M. Pulliat.

Je ne veux pas cependant, après avoir parlé si souvent de greffe et de plants greffés, quitter mes confrères en greffage, anciens et nouveaux, sans leur donner quelques conseils et quelques renseignements généraux.

1° Dans la greffe anglaise, ou à double fente, qui est toujours la meilleure avec des greffons et des sujets d'un diamètre aussi égal que possible, il faut que les biseaux et les languettes ne soient ni trop longs, ni trop courts : ni trop longs comme dans la greffe qui porte mon nom et où je m'étais un peu trop, rien qu'un peu, préoccupé de la solidité et avais exagéré l'étendue des surfaces en contact; ni trop courts, comme dans quelques greffes actuellement en faveur où, quoi qu'on en dise, la solidité laisse à désirer et où l'on se préoccupe plus de la tournure qu'a la greffe au moment de l'opération que de celle qu'elle pourra avoir plus tard, après avoir traversé toutes les épreuves qu'elle rencontrera depuis l'atelier de greffage jusqu'à sa sortie de la pépinière et à sa mise en place définitive.

Le greffon peut, sans de trop graves inconvénients et quand il n'y a pas moyen de faire mieux, être un peu plus petit que le portegreffe; mais il ne doit jamais être plus gros.

2° Pour la greffe en place, quand le diamètre du sujet dépasse de beaucoup celui du greffon, la meilleure greffe reste toujours la greffe en fente simple de nos bons aïeux avec un ou deux greffons suivant la grosseur de la souche; en attendant la greffe de l'avenir qui consiste à placer le greffon sur un escalier latéral entaillé dans la moitié ou le tiers d'une grosse souche qui continue à pousser et à fructifier jusqu'à ce qu'on la supprime pour céder toute la place et toute la sève au greffon.

Quand on veut, pour une raison quelconque, provoquer l'affranchissement du greffon, on peut insérer celui-ci dans les fentes latérales, en lui laissant un ou deux œils en terre au dessous de la greffe, ou mieux encore, après l'avoir taillé en triangle vers le milieu de sa longueur de quatre mérithalles, le plaquer et le fixer solidement dans une entaille de même dimension, pratiquée latéralement sur la souche, sans la fendre. On peut, suivant la grosseur de la souche, pratiquer deux, trois, quatre de ces entailles qui fatiguent et compromettent moins la souche que la fente en travers et qui surtout ne laissent point de trou à combler. C'est une espèce de greffe en couronne, comme celle employée fréquemment pour les arbres fruitiers et qui me semble préférable à la fente.

3° Toutes les greffes, quelles qu'elles soient, doivent être mises à l'abri du contact direct de l'air qui les dessèche, de la chaleur qui les brûle et de l'eau qui les atrophie et les paralyse. Il faut cependant un peu d'air tamisé, un peu de douce chaleur et un peu d'humidité ambiante pour que le cambium puisse former, durcir et lignifier la soudure. On devine que je vais encore une fois recommander le buttage. Quand on greffe au printemps une souche jeune ou vieille en pleine végétation, il se produit, au moment où on la coupe, un tel afflux, une telle poussée de sève, qu'elle rend toute reprise impossible ou peu s'en faut. Cette sève, qui jaillit comme une fontaine de tous les tubes capillaires de la vigne et qui ne se retrouve en pareille abondance dans aucune autre espèce d'arbres de nos pays, n'est que de l'eau qui non-seulement ne peut pas se transformer en cambium mais qui entrave sa fixation. Tant qu'une souche verse ces pleurs, parce qu'on lui a coupé la tête, il n'est pas prudent de lui confier un greffon qu'elle pourrait repousser, cela s'est vu, auquel, en tout cas, elle risquerait de faire mauvais accueil. Il faut attendre que cette source de pleurs soit complètement tarie, attente plus ou moins longue, suivant que la végétation est plus ou moins active. On peut alors greffer en toute sûreté après avoir rafraîchi la coupe horizontale de la souche et l'avoir bien débarrassée de l'espèce de gelée brune, noirâtre et putride formée souvent par la sève coagulée.

Mais cette sève après s'être épuisée complètement pour quelque temps, par l'excès de son émission, ne tardera pas à revenir, moins abondante mais assez toutefois pour risquer encore de compromettre quelques greffons si elle n'était absorbée au fur et à mesure par quelque substance perméable qui l'empêche de s'accumuler autour d'eux. Ici encore c'est le sable ou la terre légère de la butte qui remplit les fonctions salutaires d'éponge.

Cette nécessité de laisser pénétrer jusqu'à la greffe une certaine quantité d'air et d'en laisser sortir un excès d'humidité explique pourquoi certains mastics, complètement imperméables à l'air voulant entrer et à l'eau voulant sortir, empêchent absolument la soudure des greffes de la vigne.

Après avoir soigneusement butté les plants greffés pour produire la soudure, il ne faudra guère tarder et surtout ne pas manquer de les débutter plusieurs fois pour trois opérations diverses: suppression des bourgeons gourmands qui peuvent partir du portegreffe, bien qu'on ait eu soin d'éborgner tous ses œils; suppression des petites racines qui peuvent se développer à la base de la partie enterrée du greffon et qui compromettent doublement la reprise, soit en distrayant une partie de la sève descendante, soit en opérant sur le biseau extérieur du greffon une traction en dehors qui le décolle. Ces deux opérations doivent se renouveler plusieurs fois dès le milieu du printemps et pendant une grande partie de l'été, et après chacune, il faut refaire immédiatement et soigneusement les buttages.

La troisième espèce d'opération a pour but de durcir, de fortifier, de lignifier la soudure en l'exposant à l'air, à la lumière et à la chaleur, pendant les journées tempérées du commencement de l'automne. On procède alors à un dernier débuttage dont on profite pour opérer une dernière suppression des gourmands et des racines. Ce déchaussage qui expose le point greffé au contact direct de l'air et de la chaleur fait bien, par ci, par là, quelques victimes : on voit tout à coup les feuilles de quelque belle greffe, pleine de vigueur apparente, se flétrir, se faner et s'abattre tristement le long de leur tige. On pourrait croire que c'est un malheur ; qu'on y regarde de plus près et l'on verra que c'est tout le contraire : un débarras et un bonheur. Les branches qui se dessèchent ainsi au premier contact de l'air, ne tiennent au portegreffe que par des points imperceptibles, qui ont bien pu, phénomène assez étrange, fournir pendant quelque temps assez de sève pour donner au greffon un développement trompeur et passager, mais qui ne donneraient jamais une soudure complète et viable. Un certain nombre de greffes qui résisteront même à cette épreuve ne seront néanmoins pas assez complètes pour offrir toutes les garanties nécessaires, et quelques unes encore devront probablement être éliminées à la dernière vérification, qui aura lieu entre la sortie de la pépinière et la mise en place définitive. Mais on aura pu cependant se rendre un compte aussi approximatif et aussi exact que possible des reprises bien réussies et du nombre des greffés-soudés réellement bons sur lesquels on peut compter, ce qui évitera les mécomptes, les déceptions et les déchets, parfois effrayants, auxquels s'exposent ceux qui ne pratiquent pas ce dernier débuttage.

Avant la chute des feuilles et dès qu'il y a menace de quelque gelée blanche, il faut se hâter de rebutter une dernière fois les plants soudés, car les brusques soubresauts de température produits par la moindre gelée suivie du plus petit coup de soleil, pourraient trouver encore quelques ravages à faire dans les jeunes soudures.

Et pour que tous ces buttages, débuttages et rebuttages ne rebutent pas les débutants, je leur dirai, d'abord, qu'ils sont indispensables au succès, et ensuite, qu'ils sont tellement faciles et rapides qu'un ouvrier un peu adroit peut en faire plusieurs centaines à l'heure.

4° De même que j'ai insisté sur les buttages sans crainte de reproches de la part des greffeurs, de même j'insiste une dernière fois en faveur de la supériorité des portegreffes fertiles sur les portegreffes stériles. Outre les diverses raisons que j'ai déjà exposées, cette supériorité me saute aux yeux chaque fois que je vois mes grandes vignes qui ne me donnent que du bois à côté des autres qui me donnent à la fois de belles vendanges et d'excellents portegreffes. Il y aura toujours, comme je l'ai déjà dit, quelques exceptions en faveur de quelques variétés compensant leur stérilité ou leur peu de fertilité par des aptitudes spéciales, mais ces rares exceptions ne serviront qu'à confirmer la règle.

5° Que les greffeurs et les viticulteurs ne se laissent jamais arrêter ni décourager par les rumeurs étranges qui, de tout temps, ont surgi et surgiront, tantôt on ne sait d'où, tantôt on sait bien d'où.

Quand on vous dit que les greffes se dessoudent au bout de quelques années, affirmez hautement que les seules greffes qui se dessoudent sont celles qui n'ont jamais été soudées.

Quand on vous dit que tous les plants greffés meurent au bout d'un certain temps, informez-vous et vous apprendrez bientôt que ce qu'on vous présente comme un désastre général ne constitue que quelques accidents isolés survenus dans quelques sols exceptionnellement défavorables.

Mais tenez-vous en garde par dessus tout contre cette invention sans cesse renaissante, malgré son absurdité, d'un remède qui va détruire à fond tous les phylloxéras du monde et rendre par conséquent inutiles tous les plants américains et tous les greffages. Ces remèdes existent par milliers et les nouveaux auront le même sort que les anciens. Soyez bien assurés que si quelque traitement aussi efficace que le sulfure de carbone ou les sulfocarbonates venait à être découvert, il serait aussitôt expérimenté, étudié, contrôlé, puis accepté et recommandé par la commission supérieure du phylloxéra et par le Ministère de l'Agriculture. Et quand des spéculateurs éhontés essayent d'abuser encore une fois de votre crédulité en vous faisant vanter par leurs journaux et en vous vendant, à n'importe quel prix, des drogues sans valeur et sans efficacité, laissez-les dire, ou mieux encore, demandez qu'on les poursuive comme propagateurs de fausses nouvelles, capables de troubler la reconstitution de la viticulture ou comme coupables de tromperie sur la qualité de la marchandise vendue.

Et en attendant qu'on ait débarrassé la viticulture de ces rongeurs et de ces dupeurs, continuez tranquillement à planter et à greffer. Rira bien qui rira le dernier. Ne riront certes pas les trop naïfs qui se seront laissés duper et espérons qu'aux dupeurs eux-mêmes on ôtera l'envie de rire de leurs dupes.

PHYLLOXÉRA, MALADIES CRYPTOGAMIQUES

Un fait bien démontré, bien évident et bien certain, malgré quelques contestations isolées et négligeables, c'est que, sur plus des neuf dixièmes des territoires viticoles, les vignes américaines sont le seul moyen de reconstituer ou de créer des vignobles à l'abri du phylloxéra.

Mais il existe des terres d'une certaine étendue, dans lesquelles, grâce à leur position ou à leur composition, nos anciennes vignes peuvent vivre, tantôt au moyen de la submersion, tantôt dans des sables qui arrêtent et même détruisent les insectes souterrains.

En outre, une partie importante de notre vignoble français n'est qu'attaquée et compromise, mais non encore détruite, et une autre partie, bien minime, hélas ! et qui va chaque jour s'amoindrissant, reste encore complètement indemne ; et les vignes américaines ne peuvent que remplacer, mais non guérir, les vignes attaquées ou détruites par le phylloxéra. Le premier devoir des vignerons, tout en plantant, et même avant de planter ces vignes de l'avenir, est donc de chercher par tous les moyens possibles à sauver ce qui leur reste, s'il peut être sauvé, ou tout au moins à prolonger son existence jusqu'à ce que la reconstitution par les vignes américaines permette de combler au fur et à mesure les vides qui se produisent. Parmi les innombrables panacées présentées par des milliers d'inventeurs dont la plupart n'ont jamais vu un phylloxéra, il s'est trouvé, fort heureusement, quelques insecticides d'une efficacité incontestable, dont deux seulement : le sulfure de carbone et le sulfocarbonate de potassium ont eu la chance heureuse d'obtenir une sorte d'investiture officielle qui les a débarrassés de leurs rivaux et laissés seuls maîtres du terrain. Ils ont rendu de grands services à la viticulture et en auraient pu rendre de plus grands encore, si leur prétention première de détruire radicalement le phylloxéra n'avait pas dépassé de beaucoup leur action réelle qui se borne à tuer, chaque année, beaucoup de phylloxéras ; si, s'appuyant sur cette prétention non justifiée et grisés par l'espèce de monopole autocratique que leur conférait la protection gouvernementale, ils n'avaient pas cherché, *per fas et nefas*, et réussi souvent à entraver tous les autres moyens de reconstitution et de préservation des vignes, même pour remplacer celles qu'ils avaient détruites ; si, enfin, ils avaient compris qu'ils ne devaient être que les auxiliaires et les très humbles serviteurs de la viticulture, au lieu d'en être les tyrans irresponsables, s'imposant de gré ou de force, *etiam manu militari*, aux malheureux vignerons dont, sous prétexte de les sauver, ils détruisaient en un tour de main et un coup de piston — et sans indemnité préalable — les pauvres vignes qui, sans eux, auraient pu vivoter encore pendant quelques années.

La situation a bien changé depuis lors. Les succès croissants, indiscutables et retentissants de la viticulture américaine, s'affirmant et s'étalant à côté des échecs des insecticides, réduits à avouer leur impuissance dans beaucoup de sols et leur insuffisance dans toutes les vignes à faible rendement, forçaient peu à peu ces adversaires, d'abord intraitables, à rabattre leur caquet. Ces triomphateurs d'autrefois rencontraient chaque jour, sur l'escalier de la viticulture, la vigne américaine qui, comme Madame de Maintenon, à la question de Madame de Montespan : « Qu'y a-t-il de nouveau ? » pouvait répondre modestement : « Rien de nouveau, si ce n'est que vous descendez et que je monte. »

Je suis heureux de constater que, grâce à ces leçons, nos anciens proscripteurs et persécuteurs ont mis de l'eau dans leur vin et du velours à leurs pattes. Ces terribles ingrédients chimiques sont devenus moins agressifs, plus modestes et plus sociables, excepté dans quelques lointains pays d'outre-mer, où ils essayent encore, — vainement, espérons-le — de reprendre leurs anciens errements. Il faut dire aussi qu'ils ont eu la chance heureuse de recruter, pour les soutenir, les vulgariser et les appliquer, des hommes d'une réelle valeur, profondément dévoués à la viticulture et dont quelques uns ont su conquérir d'universelles sympathies. Ceux-ci ont compris ce que nous ne cessions de répéter et de demander dès les premiers temps, que tous ceux qui travaillent à la défense ou à la reconstitution des vignes doivent être, non des adversaires acharnés, mais des alliés, des collaborateurs, des amis s'ent'aidant les uns les autres et poursuivant par des moyens divers le même but : le salut de la viticulture.

Ainsi compris et ramenés dans leurs justes limites, les services que peuvent rendre les insecticides sont encore immenses et méritent d'autant plus d'être recommandés que, dans tout insecticideur intelligent, il y a l'étoffe ou le bois dont on fait un américaniste et que, dans tout insecticide, il y a un travail préliminaire, une avant-garde préparatoire, une semence de vignes américaines.

Si les vignes américaines peuvent, à meilleure enseigne que certains soi-disant viticulteurs, ne guère se préoccuper du phylloxéra, elles ont d'autres ennemis aériens bien plus redoutables, soit pour elles-mêmes, — bien que toutefois beaucoup d'entre elles soient complètement, ou à peu près, invulnérables à quelques-uns d'entre eux, — soit surtout pour les vignes françaises qu'elles supportent et qu'elles ne peuvent défendre que contre leurs ennemis souterrains. De ces cryptogames, trois seulement : l'oïdium, l'anthracnose et le péronospora (mildew, mildiou) méritent d'être nommées à cause des ravages considérables qu'elles ont causés et des terreurs bien justifiées qu'elles ont inspirées et qu'elles inspirent encore aux vignerons. Et je me hâte d'ajouter que nous possédons déjà contre elles des moyens de défense éprouvés, efficaces, suffisants pour nous garantir et pour nous rassurer.

L'oïdium a été depuis longtemps vaincu par le soufre ; l'anthracnose est enrayée et même détruite par le sulfate de fer ; et, pour le terrible mildiou lui-même, on a trouvé un antidote d'une efficacité complète et incontestable, le sulfate de cuivre. Cette substance, qui était naguère réprouvée comme un poison mortel, est en train de devenir le remède universel contre toutes les maladies de la vigne, non seulement le mildiou, mais l'anthracnose, l'oïdium, etc. Un fait bien certain, c'est que toutes les poudres dans lesquelles il est mélangé avec du soufre, du sulfate de fer et des poussières diverses, tous les liquides dans la composition desquels il entre, tantôt dans de très fortes proportions, comme dans la bouillie bordelaise, tantôt dans des proportions très faibles, comme dans l'eau céleste de M. Audoynaud, ont, grâce à lui, des propriétés curatives bien caractérisées et bien prouvées par l'expérience. Un autre fait non moins intéressant, c'est que l'efficacité du traitement semble augmenter à mesure que la proportion de sulfate de cuivre diminue. On cite des exemples très remarquables de disparition complète et définitive du péronospora obtenue avec une solution de deux millièmes de sulfate de cuivre dans de l'eau ordinaire.

Pour les traitements insecticides et cryptogamicides, je ne puis évidemment entrer dans aucun détail pratique ; mais, sur ces deux questions et sur toutes celles qui touchent à la viticulture, je vais, en finissant, donner à mes lecteurs un renseignement et un conseil qui, peut-être à lui seul, leur sera plus utile que tout ce que j'ai pu leur apprendre.

LES PROFESSEURS DÉPARTEMENTAUX D'AGRICULTURE

Il existe dans chaque département une chaire d'Agriculture départementale dont le titulaire, outre les autres services dont il est chargé, donne, chaque année, dans chaque canton, une ou plusieurs conférences sur les sujets qui intéressent la région. De toutes les mesures qui ont été prises en faveur de l'agriculture, pour laquelle on est plus prodigue de belles paroles et de belles promesses que d'actes réellement utiles, il n'y en a pas eu de meilleure, de plus favorable au progrès, de plus féconde en résultats, que la création de ces modestes professeurs nomades qui vont jusque dans les cantons les plus reculés et dans les pays les plus perdus mettre au service et à la portée des plus simples paysans les résultats de leurs études, de leurs observations, de leur science.

C'est une institution bien nouvelle, puisqu'elle n'est point encore complètement organisée, et cependant elle produit déjà de nombreux et admirables résultats. Je suis émerveillé et rassuré sur l'avenir, chaque fois que je reçois quelque rapport, quelque conférence, ou mieux encore quelque petit traité de viticulture, et surtout de viticulture américaine, rédigé par quelqu'un de ces professeurs qui sont actuellement les vrais apôtres et les intrépides pionniers de l'agriculture... et de la viticulture américaine.

Les résultats obtenus, quelque considérables qu'ils soient, ne sont rien encore à côté de ceux qu'on pourra obtenir, lorsque chaque cultivateur, chaque vigneron, tant grand ou tant petit soit-il, saura bien qu'il peut en toute confiance et qu'il doit, dans son propre intérêt, demander à son Professeur d'agriculture soit en le questionnant dans ses conférences, soit en lui écrivant directement, tous les renseignements et tous les conseils dont il peut avoir besoin sur toutes les questions qui l'embarrassent ou l'intéressent.

Voilà le dernier renseignement, le dernier bon conseil que j'avais promis et ceux qui en profiteront me seront reconnaissants de le leur avoir donné.

Château de Salettes, Février 1887.

Imprimerie A. WALTENER et Cie, rue Belle-Cordière, 14, Lyon.